全国火电排放清单研究

伯　鑫　屈加豹　田　军　赵晓宏　等著

中国环境出版集团・北京

图书在版编目（CIP）数据

全国火电排放清单研究/伯鑫等著. —北京：中国环境出版集团，2018.9

ISBN 978-7-5111-3729-6

Ⅰ. ①全… Ⅱ. ①伯… Ⅲ. ①火电厂—大气污染物—排污—研究 Ⅳ. ①X773

中国版本图书馆 CIP 数据核字（2018）第 160905 号

出版人　武德凯
责任编辑　李兰兰　陈雪云
责任校对　任　丽
封面设计　岳　帅

出版发行　中国环境出版集团
（100062　北京市东城区广渠门内大街 16 号）
网　址：http://www.cesp.com.cn
电子邮箱：bjgl@cesp.com.cn
联系电话：010-67112765（编辑管理部）
010-67112735（第一分社）
发行热线：010-67125803，010-67113405（传真）

印　刷　北京中科印刷有限公司
经　销　各地新华书店
版　次　2018 年 9 月第 1 版
印　次　2018 年 9 月第 1 次印刷
开　本　787×1092　1/16
印　张　9.25
字　数　176 千字
定　价　95.00 元

内容简介

中国高时空分辨率火电行业排放清单模型主要用于环境影响评价、来源解析、空气质量预报预警、总量控制、空气质量达标规划等工作。

本书总结了作者在排放清单编制、火电数据挖掘、排放清单数据采集方法、编码规则构建等方面的多年经验，结合在线监测数据（CEMS）、排污许可数据、总量减排数据、环境统计数据、环境影响评价数据等，探讨了火电行业排放清单的时空分配方法，介绍了全国火电排放清单系统的构建，重点讨论了2014年高分辨率全国火电排放清单（2014，HPEC）编制方法、结果，并以京津冀火电企业大气污染影响为案例进行了分析。

本书可作为高等院校环境科学、环境工程、环境管理等专业的教学参考书，也可作为固定污染源排放清单研究的参考工具，还可供电力部门、科研院所、环境管理部门的科技人员参考。

《全国火电排放清单研究》
撰写人员

（以姓氏笔画为序）

丁　峰　王龙飞　王　琰　左德山　卢　力
田　军　李时蓓　伯　鑫　陆　嘉　林　勐
易爱华　屈加豹　赵晓宏

序　言

自 GB 13223—2011 颁布以来，我国火电行业大气污染治理工作在政策、技术、管理等方面进行了全面升级。2014 年 9 月，《煤电节能减排升级与改造行动计划》要求新建燃煤发电机组大气污染物排放浓度基本达到燃气轮机组排放限值，现役机组逐步实施环保改造。2015 年 12 月，《全面实施燃煤电厂超低排放和节能改造工作方案》要求燃煤电厂超低排放改造提速，并上升为一项重要的国家专项行动。截至 2017 年年底，全国完成的煤电机组超低排放改造容量约占煤电机组总容量的 70%。

当前，大气治理进入了精细化管理阶段，源解析技术、空气质量达标规划、大气污染预报预警等工作，都需要高时空分辨率的火电排放清单作为数据支撑。已有研究中火电清单编制基准年大多在 2012 年之前，无法反映火电行业最新的大气排放特征。因此，摸清最新的中国火电行业排放量底数是大气污染治理亟须解决的问题之一。

生态环境部环境工程评估中心在原环境保护部“环境影响评价基础数据库建设”项目支持下，基于全国重点污染源在线监控、排污许可、总量减排、环境统计、环境影响评价、验收及污染源普查等数据，按照自下而上的方法，编制了最新的全国高分辨率火电排放清单（High Resolution Power Emission Inventory for China，HPEC）、全国高分辨率钢铁排放清单（High Resolution Steel Plants Emission Inventory for China，HSEC）等，为区域空气质量模型提供有效的污染源排放参数，并为战略环评、规划环评提供基础数据和应用技术支持。

本书内容涵盖了火电清单基础数据采集方法、基于 CEMS 的排放因子库、火电排放清单时空分配方法等，系统总结了作者及其研究团队在工业源排放清单研究、污染源条码研究、卫星遥感等领域取得的经验，介绍了全国火电大气污染物排放清单管理系统、2014 年全国火电高时空分辨率清单等成果，并以京津冀火电行业为例，对比分析了 2011 年、2014 年京津冀火电行业对大气污染的贡献。本书内容丰富，具有较强的学术性、实用性、创新性。

本书的出版，有助于研究者、管理部门了解我国火电行业的控制水平，有利于火电排放清单研究的规范化，推动我国火电行业排放清单的快速更新，为打赢蓝天保卫战、城市精准治霾、重污染天气应对等提供数据支持。

国电环境保护研究院院长 朱法华

2018 年 7 月于南京

前　言

火电行业长期是我国煤炭消耗的重要部门，最新的高时空分辨率的火电大气排放清单是大气污染模拟、大气污染解析等工作的重要基础数据之一。国内外已有的火电清单大多为2012年之前编制完成，无法考虑到近年来中国火电排放标准的加严、超低改造推进等因素。为了系统科学地开展当前我国大气污染源解析、大气污染预报等工作，需要建立一个最新的中国高时空分辨率火电行业排放清单模型，这是我国大气环境影响研究中面临的重要科学问题之一。

针对上述关键问题，在国家环保公益性行业科研专项（2013467065、201509010）、国家重点研发计划项目（2016YFC0208101）、环境保护部基金课题——环境影响评价基础数据库建设、清华大学环境学院重点学术机构2015年度开放基金课题、环境模拟与污染控制国家重点联合实验室开放基金课题（16K01ESPCT）等的支持下，在环境保护部环境工程评估中心领导的指导下，环境影响数值模拟研究部全面开展了污染源排放清单建设与应用研究工作，以排污许可、污染源在线监测排放数据、环评、验收、卫星遥感、总量减排、环境统计、污染源普查等最新数据为基础，建立一套清单质量控制体系，按照自下而上的方法，初步编制了2014—2017年全国高分辨率火电排放清单（High Resolution Power Emission Inventory for China，HPEC）、全国高分辨率钢铁排放清单（High Resolution Steel Plants Emission Inventory for China，HSEC）、2000—2017年全国机场大气排放清单（High Resolution Airports Emission Inventory for China，HAEC）以及部分城市大气排放清单等，提高火电、钢铁等排放清单的空间分辨率和时间分辨率，减少研究工作的不确定性，为战略环评、规划环评、大气污染源解析、空气质量达标规划等工作提供基础数据和应用技术支持。

本书分为 8 章，主要内容包括：绪论、火电大气污染物有组织排放清单数据采集方法、全国大气污染源在线数据库（CEMS）、火电行业污染源条码应用研究、全国火电排放清单时空分配方法、全国火电排放清单系统开发、2014 年高分辨率全国火电排放清单（HPEC）、高时空火电排放清单评估与减排控制策略评估等。

本书主要基于作者完成的相关研究成果，由伯鑫策划并统稿，其中包含了屈加豹硕士学位论文的部分成果。其中第 1 章、第 2 章、第 7 章、第 8 章主要由屈加豹、伯鑫完成，第 3 章主要由伯鑫完成，第 4 章主要由陆嘉、易爱华、赵晓宏完成，第 5 章由伯鑫、田军、卢力、王龙飞、王琰、左德山、林勐、赵晓宏、李时蓓完成，第 6 章主要由田军、伯鑫完成。

在高分辨率全国火电排放清单（HPEC）编制过程和本书的编著过程中，得到了生态环境部第二次全国污染源普查领导小组技术组组长景立新、中国环境监测总站唐桂刚、王鑫、董广霞、封雪等同志的大力支持，得到了生态环境部环境监察局孙振世处长、刘伟处长等领导的指导，得到了朱法华院长、常象宇教授、崔建升教授、汤铃教授、崔维庚教授、周北海教授、莫华主任、薛志钢研究员、徐振高工、于浪高工、魏海涛教高、李洪枚教授、蔡博峰研究员、孟凡研究员、蒋靖坤教授、王书肖教授、程水源教授、田贺忠教授、赵瑜教授、杜瑾宏工程师等许多专家的帮助，成国庆、雷勋杰参与了本书文字校核工作，在此一并表示感谢！特别感谢中心领导以及数模部李时蓓研究员、赵晓宏教高、陈爱忠教高、丁峰教高、杨晔教高等领导的长期支持和鼓励！此外，作者对中国环境出版集团的支持和李兰兰编辑的悉心审查表示衷心致谢。

2014 年至今，我国火电行业发展迅速，环保技术突飞猛进，不同地区环保技术水平差异较大。由于研究条件和作者能力所限，文中不当之处在所难免，敬请同行专家、读者批评指正并提出宝贵意见。

伯　鑫

2018 年 7 月

目 录

第 1 章 绪 论

大气污染治理是近年我国环境治理的重心所在。为制定可行的大气污染物治理政策，研究者利用不同的方法、技术手段（包括大气排放清单、大气数值模拟等）进行大气污染影响的定量研究，以达到大气环境精准治理的目标。

大气污染源排放源清单，指各类大气污染源所排放的不同污染物信息的集合。排放清单、空气质量模型已在我国发展多年，各类清单产品已应用到科研、环境管理等工作，为我国大气污染治理提供了支撑作用。

大气排放清单是数值模拟输入数据的重要组成部分，空气质量模型是将清单形成的数字化产品结合地形、气象数据等，开展大气污染模拟。大气排放清单、空气质量模型共同构建了“排放现状”到“空气污染情况”的理论上的对应。经过多年的发展，大气排放清单、空气质量模型已经广泛应用于源解析、空气质量预报、污染预测预警、空气质量达标规划、环境管理、环境影响评价、政策制定等多个领域。同时，由于大气清单编制、大气污染化学传输机制以及数值模拟计算能力等原因，大气排放清单、大气数值模拟等工作仍存在着不确定性，这是目前开展大气污染研究与控制的关键“瓶颈”。

近年来，环境保护部环境工程评估中心数值模拟部（以下简称评估中心数模部）开展了大量排放清单方面的研究，先后得到了环境保护部财政预算项目、环境保护部公益课题、美国能源基金会项目等的资助，积累了工业污染源排放清单相关的丰富工作经验。作为生态环境部技术支持机构，评估中心数模部拥有最新的排污许可证数据、在线监测排放数据（CEMS）、环境影响评价（EIA）、项目验收、环境统计、总量减排、污染源普查等生态环境部权威数据，同时评估中心数模部在污染源排放清单研究方面与国内外多家科研院所建立了长期合作机制。

针对我国工业源排放清单基数不清、缺少高分辨率时间谱等问题，作者所在团队通过现场调研、数据收集等方法（图 1-1、图 1-2），积累了大量排放清单原始数据集（环评、在线监测、排污许可、总量减排、环境统计、污染源普查等），编制了 2014—2017 年全国高分辨率火电排放清单（High Resolution Power Emission Inventory for China，HPEC）、全国高分辨率钢铁排放清单（High Resolution Steel Plants Emission Inventory for China，HSEC）、2000—2017 年全国机场大气排放清单（High Resolution Airports Emission Inventory for China，HAEC）等，开发了相关的清单系统管理软件（图 1-3、图 1-4），为我国空气质量模拟、大气环境管理工作提供了关键数据支撑。相关成果已应用到区域空气质量模拟、城市排放清单编制等项目。

全国火电大气排放清单数据（2014—2017，HPEC）、机场排放清单数据（2000—2017，HAEC）目前已开放测试，关于本研究团队研发的大气排放清单申请使用，可关注公众号“大气污染模拟”或者 email：boxinet@gmail.com。

图 1-1　典型火电企业调研

图 1-2　典型火电企业座谈

MAINWINDOWVIEW

文件　首页　数据表

CEMS　环统　验收　环评　基础信息　排放参数库　脱硫设施　脱硝设施　经纬度　Hg　NOx　PM10　SO2　清单计算　结果优选　地图展示　结果浏览

原始数据　企业信息　排污因子　计算优选　排放清单

最终清单浏览　排放清单优选　CEMS原始数据表 ×　首页　环统数据表　地图查看

拖动列标题到此处,根据该列分组

行业类...	行业类别	企业编号	污染源名称	污染源排放口排口...	污染源排放口排口...	行政区域代码	省份	排放口经度
D441	电力生产	110000...	大唐国际发...	201	2号烟囱	110107000	北京市	1
D441	电力生产	110000...	大唐国际发...	202	3号烟囱	110107000	北京市	1
D441	电力生产	110000...	华能北京热...	2	1号烟囱	110105000	北京市	
D441	电力生产	110000...	华能北京热...	15	2号烟囱	110105000	北京市	
D441	电力生产	110000...	华能北京热...	201	3号烟囱	110105000	北京市	1
D441	电力生产	110000...	华能北京热...	202	4号烟囱	110105000	北京市	1
D441	电力生产	110000...	神华国华国...	2	1号烟囱	110105000	北京市	
D441	电力生产	110000...	神华国华国...	201	2号烟囱	110105000	北京市	1
D441	电力生产	110105...	北京太阳宫...	2	2号烟囱	110105000	北京市	
D441	电力生产	110105...	北京太阳宫...	3	1号烟囱	110105000	北京市	
D441	电力生产	110106...	北京京丰燃...	2	燃机烟囱	110106000	北京市	
D441	电力生产	110106...	华电（北京...	3	二号炉	110106000	北京市	
D441	电力生产	110106...	华电（北京...	201	一号炉	110106000	北京市	
D441	电力生产	110107...	北京京能热...	2	1号烟囱	110107000	北京市	
D441	电力生产	110107...	北京京能热...	3	2烟囱	110107000	北京市	
D441	电力生产	110111...	中国石化集...	10	三热力车间一部3	110111000	北京市	
D441	电力生产	110111...	中国石化集...	12	一热力车间一部1	110111000	北京市	
D441	电力生产	110111...	中国石化集...	201	一热力厂一部2	110111000	北京市	1
D4411	火力发电	120000...	天津国电津...	1	1号机组1号烟道	120110000	天津市	1
D4411	火力发电	120000...	天津国电津...	2	1号机组2号烟道	120110000	天津市	1
D4411	火力发电	120000...	天津国电津...	5	2号机组烟道	120110000	天津市	1
D4411	火力发电	120000...	天津国投津...	1	一号机组	120108000	天津市	1
D4411	火力发电	120000...	天津国投津...	2	二号机组	120108000	天津市	1
D443	热力生产...	120000...	国华能源发...	1	1号脱硫塔出口	120116000	天津市	

计数=1984

图 1-3　火电排放清单系统管理软件

中华人民共和国国家版权局

计算机软件著作权登记证书

证书号：软著登字第[illegible]号

软 件 名 称：全国钢铁行业大气排放清单管理系统 V1.0

著 作 权 人：环境保护部环境工程评估中心

开发完成日期：2016年08月04日

首次发表日期：未发表

权利取得方式：原始取得

权 利 范 围：全部权利

登 记 号：2016SR380405

根据《计算机软件保护条例》和《计算机软件著作权登记办法》的规定，经中国版权保护中心审核，对以上事项予以登记。

中华人民共和国国家版权局 计算机软件著作权登记专用章

No. [illegible]

2016年12月19日

图 1-4 钢铁大气排放清单系统管理软件著作权

1.1 研究背景

过去，我国能源结构单一，煤电污染物排放对我国大气环境带来了较大的负担，大气环境保护压力较大，“国家能源供应”和“大气环境压力”都是制约我国发展的重要问题。

如何科学计算我国火力发电过程带来的大气污染物排放总量，揭示燃煤发电的污染特征，进而针对燃煤发电制定科学的控制对策，是科学家及决策者共同关心的问题。根据研究数据显示，火电大气污染物排放量占我国总排放量的比重较大（10%～45%）。

目前，我国环境管理已转移到以环境质量改善为核心的管理模式上，火电行业环保技术发展迅速（图 1-5～图 1-10）。我国火电行业以超低排放为核心，将 BAT（最佳可行技术）从传统污染防治技术向超低排放技术延伸，环保技术呈现多元化发展的趋势，电力排放控制节奏加快。

图 1-5 京津冀地区典型超低电厂

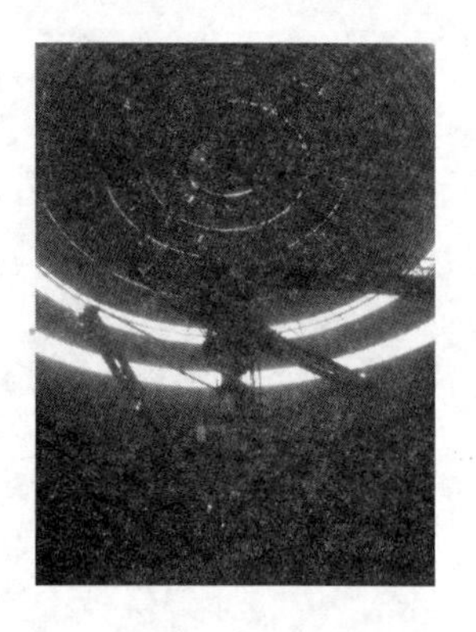

图 1-6 超低电厂的封闭煤仓

图 1-7 典型超低电厂

图 1-8 湿法脱硫石膏回收

图 1-9 污染源在线监测站

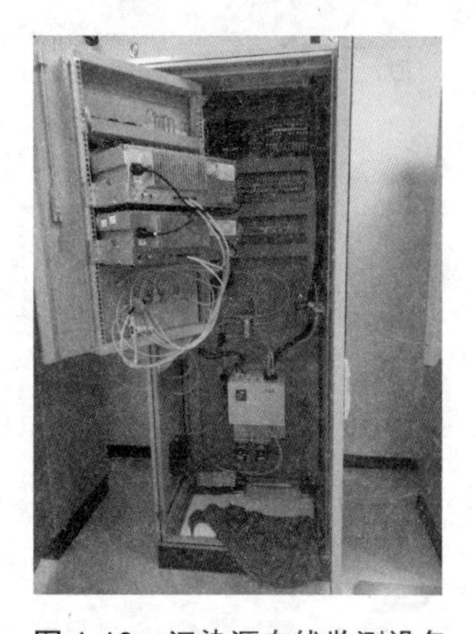

图 1-10 污染源在线监测设备

我国燃煤发电大气污染物治理技术正在经历快速迭代，火电排放因子变化较大，且获取较为困难，燃煤电厂大气污染物排放清单的建立更为复杂，基于在线监测数据的火电排放清单研究相对滞后。因此，需加强对火电行业排放底数的研究，建立最新的高时空分辨率火电行业排放清单。

1.1.1 行业及政策

“电力保障安全”是火电行业必须完成的基本任务，实现“生态环境改善”目标则是我国电力行业必须承担的国家责任，加快电力工业转型升级必然是未来一段时期电力发展的核心与主题。

“十二五”期间，我国能源发展的主要特征之一便是“能源格局多极化，能源结构低碳化”。火电行业是我国一次能源最大的能源消耗部门，又是大气污染物的排放大户，大部分是大型国有企业，有责任、有义务承担我国大气污染减排任务；电厂点源有排放量大、集中等特点，易于管理和控制。无论从长期污染治理等角度，还是从短期内实现污染控制等角度，火电行业（尤其是燃煤发电行业）都是大气污染物减排的“首选管理目标”。在新的政策引导下，火电企业主动承担减排责任，在“稳定企业发展”与“保护环境”之间寻求“平衡”。

（1）我国火电大气排放控制历程

纵观我国火电行业的大气污染排放治理，大致可以分为以下四个阶段。

第一阶段：初期控制阶段。1973 年，《工业“三废”排放试行标准》（GBJ 4—73），以烟囱高度划定排放量，未对浓度进行限制，针对烟尘排放给出小时最大允许排放量，对 SO_2、NO_x 并未制定排放要求，但对烟尘的排放有一定的治理作用。

第二阶段：总量、浓度双重控制阶段。1996 年《火电厂大气污染物排放标准》（GB 13223—1996）颁布，将火电厂划分为三个时段，引入 NO_x 排放浓度限值，并结合“两控区”对火电 SO_2 排放进行总量与浓度的双重控制。2003 年，颁布《火电厂大气污染物排放标准》（GB 13223—2003），进一步缩小浓度限值，FGD 设备在此后的数年间大量装配，低效率除尘器改为了高效的电除尘、袋除尘等。SO_2 与烟尘在此期间均得到有效控制。

第三阶段：过渡阶段。2011 年，《火电厂大气污染物排放标准》（GB 13223—2011）发布。该标准调整了大气污染物排放浓度限值，并增设了大气污染物特别排放限值。排放限值达到甚至严于部分发达国家限值，被称为“史上最严排放标准”。

第四阶段：超低排放阶段。2014 年，国家发展改革委、国家能源局、环保部联合发布《煤电节能减排升级及改造行动计划（2014—2020）》，要求东部 11 省市新建燃煤发电机组大气污染物排放浓度基本达到燃气轮机组排放限值（即在基准氧含量 6%条件下，烟尘、二氧化硫、氮氧化物排放浓度分别不高于 10 mg/m^3、35 mg/m^3、50 mg/m^3），该限值也称为“超低排放限值”。表 1-1 是不同阶段烟气排放标准限值的变化。

表 1-1　我国燃煤电厂不同时期的标准限值差异

标准号	名称	时段	排放限值		
			二氧化硫	氮氧化物	烟尘
GBJ 4—73	《工业“三废”排放试行标准》	—	—	—	82～2 400 kg/h
GB 13223—1991	《燃煤电厂大气污染物排放标准》	—	计算公式给出	—	计算公式给出
GB 13223—1996	《火电厂大气污染物排放标准》	第一时段	计算公式给出	—	200～3 300 mg/m^3
		第二时段	计算公式给出	—	150～2 000 mg/m^3
		第三时段	1 200～2 100 mg/m^3	650～1 000 mg/m^3	200～600 mg/m^3
GB 13223—2003	《火电厂大气污染物排放标准》	第一时段	1 200～2 100 mg/m^3	1 100～1 500 mg/m^3	200～600 mg/m^3
		第二时段	400～2 100 mg/m^3	650～1 300 mg/m^3	50～500 mg/m^3
		第三时段	400～1 200 mg/m^3	450～1 100 mg/m^3	50～200 mg/m^3
GB 13223—2011	《火电厂大气污染物排放标准》	—	100～400 mg/m^3	100～200 mg/m^3	30 mg/m^3
GB 13223—2011	特别排放	—	50 mg/m^3	100 mg/m^3	20 mg/m^3
超低排放		—	35 mg/m^3	50 mg/m^3	5～10 mg/m^3

为适应新时期环境保护的要求，促进火电行业的减排，特别是控制氮氧化物排放，环保部于 2011 年 7 月 29 日发布了《火电厂大气污染物排放标准》（GB 13223—2011），新标准于 2012 年 1 月 1 日实施，并规定了新建、现有火电企业分别自 2012 年 1 月 1 日、2014 年 7 月 1 日起执行。由此开启了火电企业对自身大气污染物排放的减排改造之路。

2013—2014年，部分电厂根据自身条件对超低排放技术进行了一系列的探索，在污染物防治工程上冲击着燃煤机组减排的极限（2013年我国燃煤机组首例湿式除尘器的投运；2014年5月、6月，我国首例超低排放工程及首例超低排放改造工程相继完成）。2014年9月，国家发展改革委、环保部、能源局联合发布了《煤电节能减排升级与改造行动计划（2014—2020年）》，决定“在2020年前，对燃煤机组全面实施超低排放和节能改造，使所有现役电厂每千瓦时平均煤耗低于310 g、新建电厂平均煤耗低于300 g，对落后产能和不符合相关强制性标准要求的坚决淘汰关停，东、中部地区提前至2017年和2018年达标”。

当前，煤电超低排放多种技术路线呈现百花齐放，我国煤电行业逐渐走向超低排放阶段。

（2）我国火电发展现状及未来规划

从火电行业的工业指标来看，如图1-11所示，我国火电能源消耗总量近年持续攀升。2014年，我国能源消耗总量超过40亿t标准煤，煤炭消费比重虽有所下降，但仍维持在65%的高位。其中，煤炭的各类利用途径如图1-12所示，电煤的消费在煤炭消耗总量中占比约50%，较发达国家偏低，美国电煤占煤炭消费总量的95%以上。而我国电力组成的结构（图1-13）中火力发电占据绝对的主体地位，虽2011年后有所下降，但整体比例依然维持在75%以上（超过4 000 TWh）。

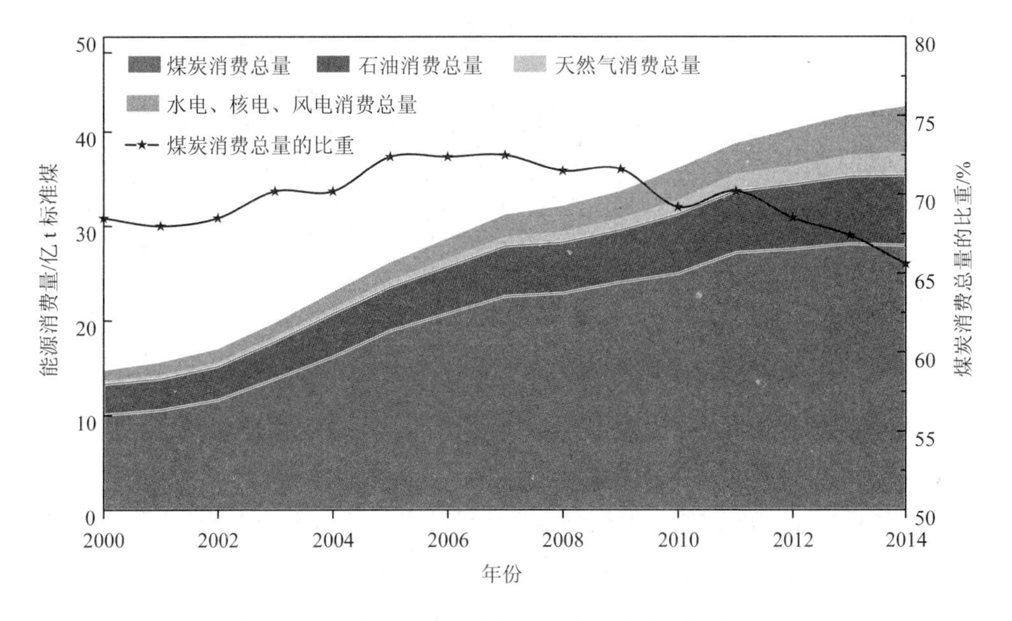

图1-11 近年能源消耗总量及煤炭消费比重变化趋势（来源：国家统计局）

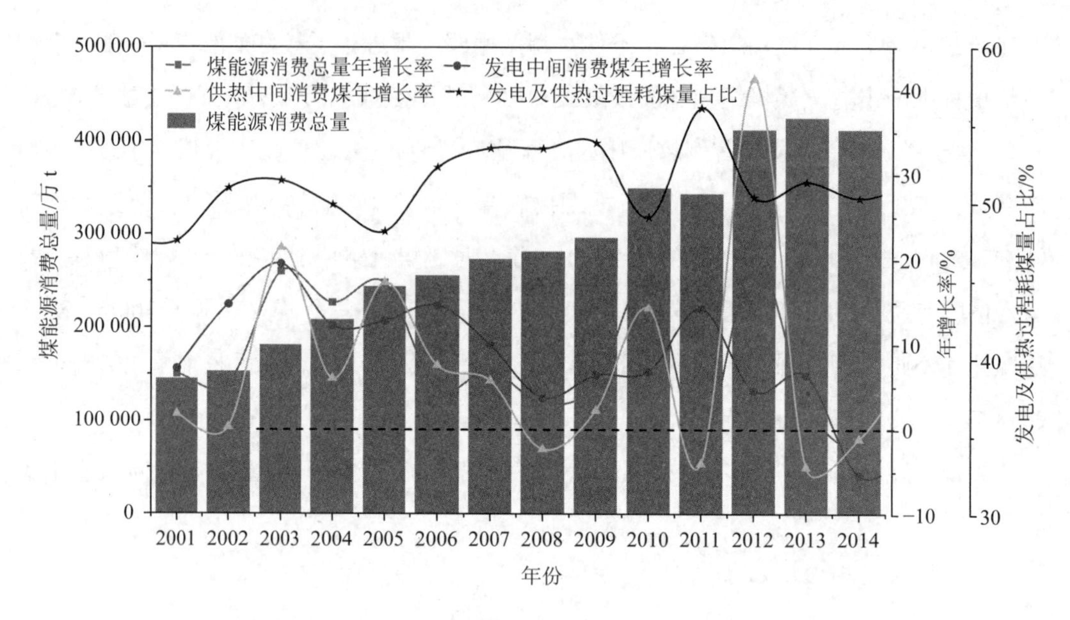

图 1-12　近年煤炭主要消耗构成及变化趋势（来源：国家统计局）

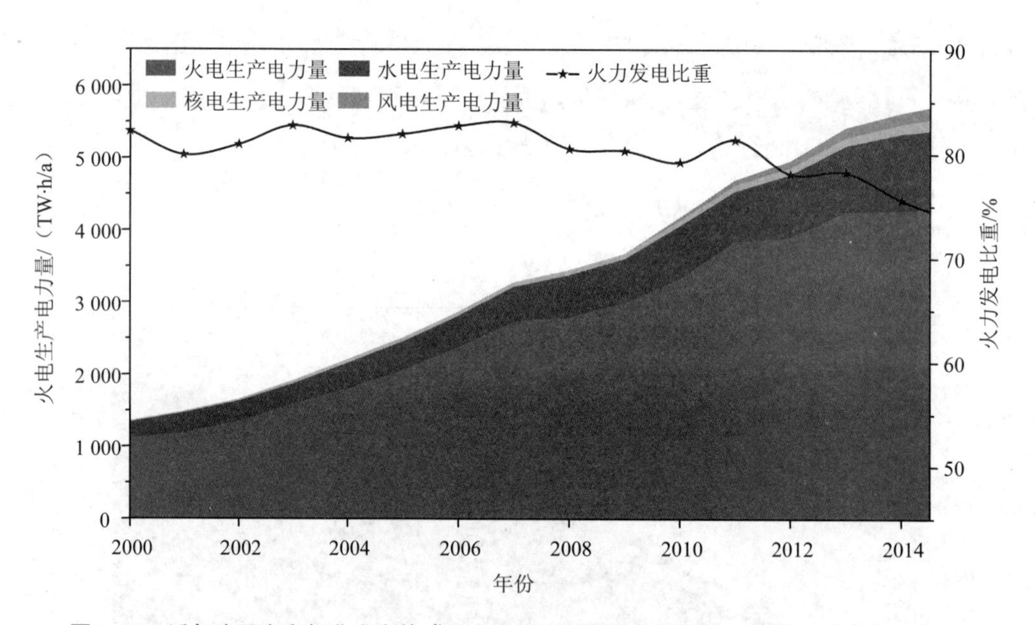

图 1-13　近年我国电力行业发电构成及火力发电比重的变化趋势（来源：国家统计局）

根据中电联的数据，我国火电的燃料构成依然以燃煤为主（图 1-14），燃气开始占据我国火电的一定比例，除燃油发电规模近年持续下降外，其余类型的火电均在持续上涨，燃气发电及垃圾发电增长速度相对较快，燃煤发电的规模则相对进入停滞期，但是以 2014 年来看，燃煤发电依然占据了我国火电装机 90%以上的装机规模，发电量构成的年际变化与此一致（图 1-15）。从中电联关于 6 000 kW 及以上燃煤电厂发电设备利用小时和煤耗水平的统计数据上可以看到（图 1-16），我国近年来在火电发展的管理上有所成效，平均装机规模在稳步上升，发电平均煤耗及供电平均煤耗持续下降，节能力度相当可观。但是，火电发电设备的平均利用小时数有所下降，2014 年有效利用小时数已降至 5 000 h 以下。

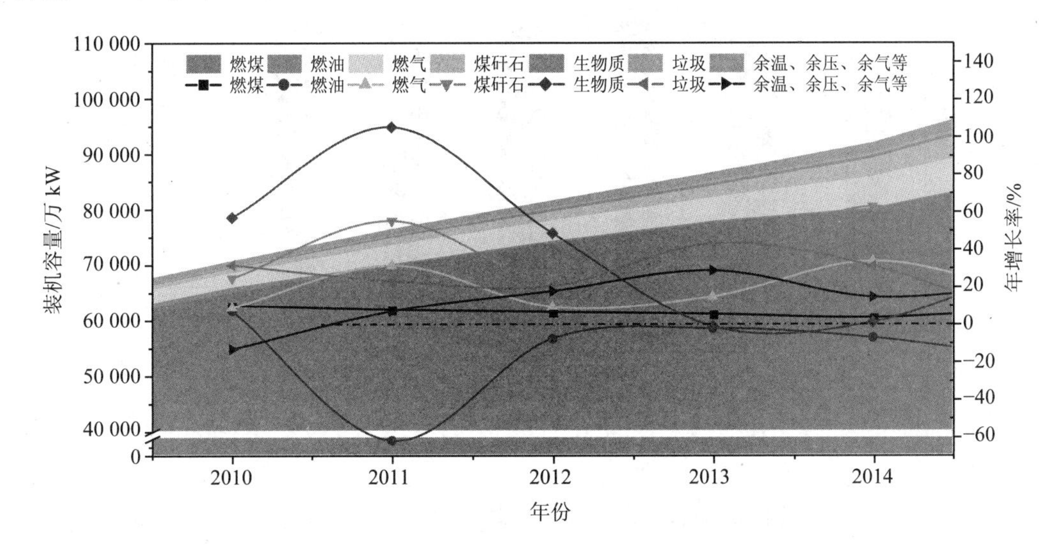

图 1-14　火力发电装机容量构成的年际变化（6 000 kW 以上）（来源：中电联）

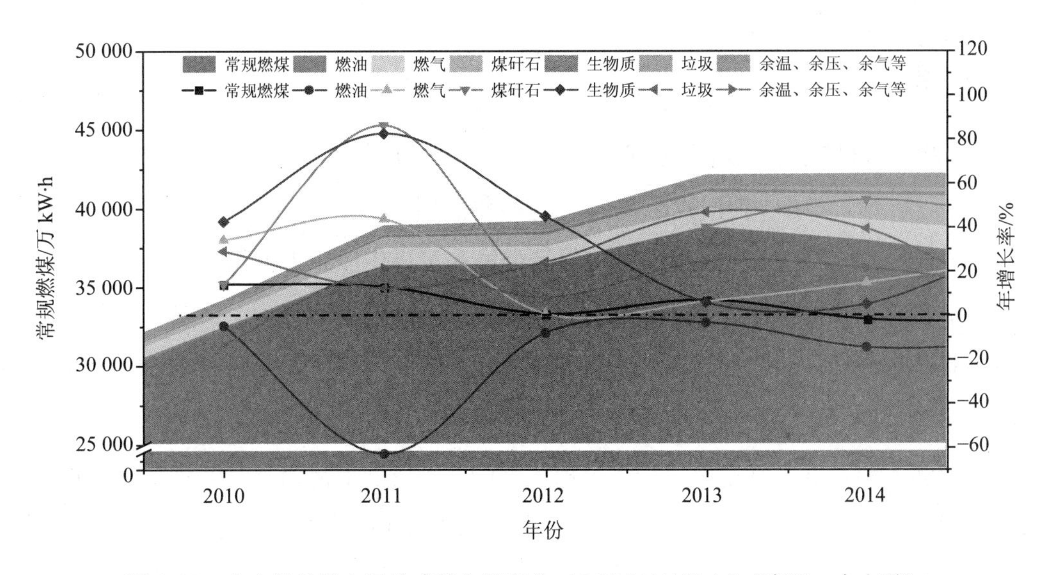

图 1-15　火电行业发电量构成的年际变化（6 000 kW 以上）（来源：中电联）

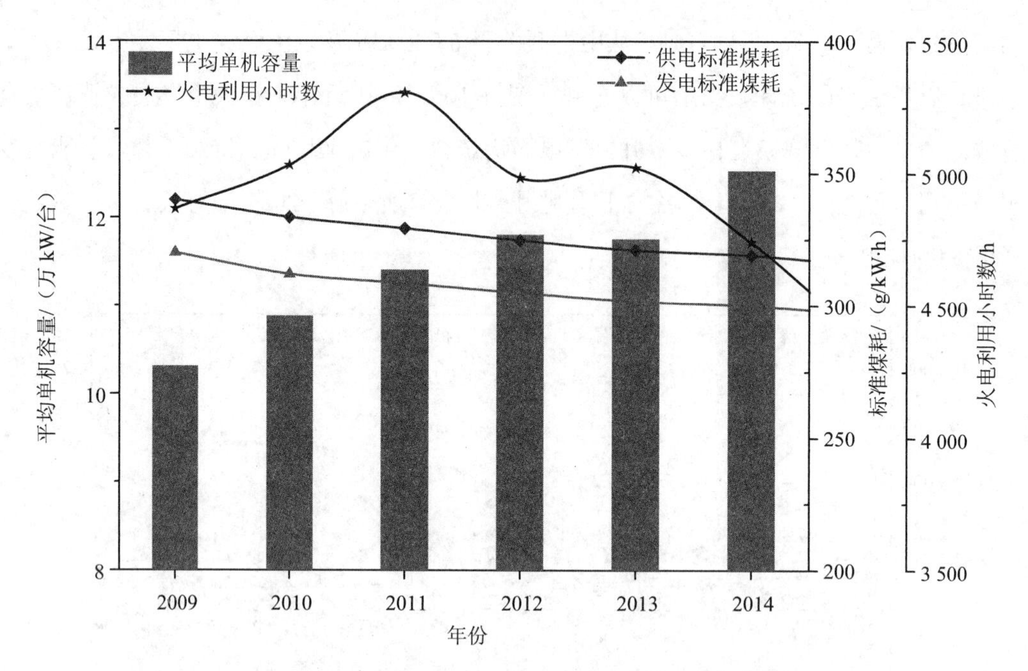

图 1-16　6 000 kW 及以上燃煤电厂发电设备利用小时和煤耗水平（6 000 kW 以上）（来源：中电联）

从火电行业的排放指标来看，据《中国环境统计年报》的数据显示，2014 年我国独立火电厂 1 908 家，机组 4 983 台，排放烟气量 18.54 万亿 m^3，排放二氧化硫、氮氧化物、烟尘量分别为 525.3 万 t，670.8 万 t，195.8 万 t。

2015 年，火电行业（包括自备电厂）SO_2、NO_x、烟尘的排放量分别为 528.1 万 t、551.9 万 t、165.2 万 t，在全国大气污染物一次排放占比分别为 28.4%、29.8%、10.74%，相较于 2011 年的数据，电力行业 SO_2、NO_x、烟尘排放量分别减少 442 万 t、621 万 t、41.6 万 t，是“十二五”期间我国一次污染物减排的绝对主体。

从火电行业的未来发展规划来看，以新能源和可再生能源为主体的能源供应体系不断完善，能源供需格局将发生重大变化，可再生能源发展潜势较大，供应能力在不断增强，我国的能源供应日趋多元，如“大规模储能”等新能源技术不断成熟，能源利用新模式、新业态、新产品日益丰富，新一轮科技革命和产业变革正在能源行业逐渐展开。

虽然能源结构在加速改造，但是目前我国的能源发展形势仍不明朗，化石能源短期内难以替代，其原因主要有以下几个方面：一是新能源和可再生能源成本相对偏高，难以对化石能源的主体地位形成优势；二是我国的能源需求体量极大，新能源供应体系仍需要较长的成长期，在短时间内仍难以对化石能源构成威胁；三是传统的化石能源体系也在寻求创新，如煤电行业，其超低排放的构想使其在污染物排放及能源利用成本上具有竞争优势，在近期内仍可以抵御新型清洁能源对其替代的威胁，而且还具有一定的优势。

我国能源发展刚性需求将长期存在，粗放式能源消费将发生根本转变。单纯从煤电规模的发展来看，近几年内，火电不会有大规模的扩张。按照能源局等 16 部委印发的《关于推进供给侧结构性改革 防范化解煤电产能过剩风险的意见》，到 2020 年，全国煤电装机规模控制在 11 亿 kW 以内，具备条件的煤电机组完成超低排放改造，煤电平均供电煤耗降至 310 g/（kW·h）。各方统计数据显示，我国煤电总装容量机近 11 亿 kW。火电污染物治理及排放监管将进一步强化，并严控火电行业规模增量，优化存量。根据《能源发展“十三五”规划》，2020 年能源消费控制的主要目标是将能源消费总量控制在 50 亿 t 标准煤以内，煤炭消费比重从 64%降低到 58%，电煤占煤炭消费比重由 49%提高到 55%。可以预见，较 2014 年，煤电仍有上涨空间，但涨幅不大。

1.1.2 排放清单编制的技术背景

大气排放清单按照覆盖范围的尺度，可分为全球排放清单、区域排放清单、局地排放清单三类。

排放清单的编制主要基于排放因子法，基本公式如下：

$$E_{\mathrm{m}} = \sum_{i}\sum_{j}\sum_{k}\cdots\sum_{\cdots}\mathrm{AE}_{i,j,k}\cdots\times\mathrm{EF}_{i,j,k}\cdots$$

式中：E_{m} —— 排放量；

AE —— 活动水平；

EF —— 排放因子。

E_{m} 可随污染源分级的精确及统计数据时空分辨率的提高而更趋于真实，在实际的生产活动中，AE 与 EF 可无限细分。但是实际的清单编制的计算是不可能无限分割的，每深入一级的细分，其工作复杂程度就会呈几何倍数的上升。适当地选择等级划分及构建相应的排放因子库可降低排放清单编制的困难度及不确定性。

活动水平：指在一定时间范围内以及在界定地区里，与某项大气污染物（$PM_{2.5}$ 等）排放相关的生产或消费活动的量，如燃料消费量、产品生产量、机动车行驶里程等。

排放因子（排放系数）：指使用污染控制设备或措施后，单位活动水平排放的大气污染物的量；无污染控制措施时，排放系数等于产生系数。

（1）清单发展现状

污染源排放清单编制是一项十分庞杂细致的工作。国外在这方面的研究起步较早。

美国等发达国家在污染源排放清单建立方法上已形成明确的体系，从数据的获取途径到数据处理、审核程序等都有相应的规范，如美国 NEI（National Emission Inventory）每三年更新一次，美国不仅有完善规范的排放源分类体系 SCC（Source Classification Code），而且美国基于实测构建了完善的排放因子体系（AP-42）。欧盟起步稍晚，但也构建了完善的清单编制手册（EMEP/EEA Air Pollutant Emission Inventory Guidebook）。我国大气排放源清单研究起步较晚，区域源排放清单的研究工作是随着我国区域大气污染的恶化及认识的深入而展开的。

（2）火电排放清单国内外研究

2007 年之前的报道（Kato and Akimoto，1992；Klimont et al.，2001；Hao et al.，2002；Ohara et al.，2007），研究者多基于自上而下的方法，采用国外的排放因子、国家或省级行政单位统计的年活动数据对我国大气污染源排放量进行估算。然而，我国煤质、火电技术水平等与国外不一致，国外火电排放因子不能反映出我国火电企业实际排放情况。同时，相关研究的火电活动水平来源也不够准确，时间分辨率较低。2007 年之后的报道，相关研究者考虑了我国火电技术的进步，并采用了本土化排放因子（Zhang et al.，2007；Klimont et al.；Lei et al.，2011；Tian et al.，2011；Y. Zhao et al.），提高了我国火电行业排放清单研究的科学性。

刘菲等建立了中国燃煤电厂排放数据库 CPED（2015），该数据库涵盖了我国 1995—2010 年在役及退役的 7 567 台机组信息，其中包括技术上的详细资料、活动数据、运行情况、排放因子等，提高了排放清单的准确性及分辨率。刘菲的研究表明，中国燃煤电厂 20 年来燃煤消耗增加了 479%，SO_2、NO_x、CO_2 的排放量分别增加了 56%、335%、442%，$PM_{2.5}$ 和 PM_{10} 的排放分别降低了 23%和 27%。国内的其他研究者也相继建立了区域火电企业排放清单，如郑君瑜（2014）等。张强（2005）采用 RAINS-Asia 的模型结构系统地研究了中国人为源颗粒物排放状况，并在此基础上得到了我国燃煤电厂 2001 年的颗粒物排放清单。王书肖（2001）根据各省火电装机容量和机组统计，计算得到了 1995 年及 2000 年的火电行业 SO_2 排放总量，分别为 769 万 t 和 750 万 t。雷宇等（2011）回顾了 1990—2005 年我国人为源颗粒物的排放，系统梳理了我国燃煤电厂的颗粒物排放趋势。田贺忠等（2003）对我国燃煤电厂的排放因子进行了修正，计算得到了我国 2000 年电力部门的 NO_x 排放，结合我国的能源发展趋势，预测了 2010 年、2020 年、2030 年的氮氧化物排放量。赵瑜曾对 200 多台典型机组的排放进行了实测，对燃煤发电的排放因子进行梳理，建立了 2005 年全国燃煤发电的排放清单，对我国火电行业的排放进行了预测。熊天琦（2015）利用 LCIA 评价方法，在编制完善的山东地区电厂排放清单的基础上，着重分析了山东地区的电厂对大气环境的影响，并对山东电厂的大气排放削减潜力进行了分析。伯鑫等（2015）首次使用在线监测、环评、验收等数据建立了自下而上的京津冀地区 2011 年火电企业污染源清单，突破了传统排放因子法的瓶颈，有效解决传统清单中淘汰火电机组列入统计的问题，提高了污染源排放清单的时间分辨率。

1.1.3 燃煤电厂对大气环境影响的数值研究进展

针对区域大气污染防治、污染形成机理、空气质量影响及控制措施的效果分析，国内外学者多采用数值模拟手段来开展大气环境研究。研究方法基于区域大气排放清单，通过空气质量模型对区域大气污染状况进行模拟分析。

周磊等利用 CMAQ（多尺度空气质量模式系统）对 2010 年浙江省大气污染物进行数值模拟研究，对比分析了模拟结果与监测结果。吕连宏等（2016）应用 RAMS（区域大气模式系统）—CMAQ（多尺度空气质量模式系统）模拟评估了全国燃煤电厂对区域大气环境的影响，并分析了近地面风场对火电企业布局的影响，结果表明：燃煤电厂对我国东部地区 NO_x、SO_2、$PM_{2.5}$ 以及 PM_{10} 排放通量的贡献较大。

1.2 研究目标及意义

研究目标：基于目前国内外有关火电污染源的污染物排放系数、排放量计算方法、污染源模型等研究成果，提出我国火电污染源排放清单编制技术方法与管理技术，规范我国火电污染源排放清单的编制和核定方法，建立区域火电污染物排放清单的估算技术和框架体系。结合全国火电重点污染源在线监控数据、排污许可数据、总量减排数据、环境统计数据、污染源普查数据以及近年新增重大工业项目的环评及验收数据，建立全国高时空分辨率火电行业排放清单（HPEC）。

研究意义：我国煤电行业在能源结构中占有重要地位，是我国大气污染排放的重要组成部分，对火电行业大气污染排放的识别及定量表征对我国大气污染综合防治有重要意义。火电行业污染源排放清单是区域大气污染源排放清单的重要组成部分，也是以空气质量模式对区域大气环境影响分析的基础。近年来，我国煤电行业的装机结构不断优化，技术装备水平大幅提升，节能减排改造效果显著，为社会经济发展做出了重要贡献。但是电力供需形势复杂，煤电利用小时数持续下降，因此亟须建立最新的高时空分辨率火电大气排放清单，进一步摸清火电行业真实大气污染物排放情况。

本研究主要聚焦火电行业，一方面是由于火电行业的排放在我国人为源排放中占有重要比例，科学的能源消耗数据及排放数据，可以指导大气排放控制政策的制定，可用于大气环境管理与规划；另一方面由于我国火电监管收紧，标准提高幅度较大，排放因子有较大的变化，建立最新的高时空分辨率火电排放清单，可为区域空气质量模型提供有效的污染源排放基础数据，并为战略环评、规划环评等提供应用技术支持。

1.3 研究数据的来源

本研究排放清单原始数据来源的定义如下所述。

（1）环境影响评价数据

环境影响评价法：环境影响评价（environmental impact assessment）是指“对规划和建设项目实施后可能造成的环境影响进行分析、预测和评估，提出预防或减轻不良影响的对策和措施，并进行跟踪监测的方法和制度”。

（2）排污许可数据

控制污染物排放许可制实施方案：是指环境保护主管部门依据排污单位的申请和承诺，通过发放排污许可证法律文书形式，依法依规规范和限制排污单位排污行为并明确环境管理要求，依据排污许可证对排污单位实施监管执法的环境管理制度。

根据国办发〔2016〕81 号文件通过了《控制污染物排放许可制实施方案》，控制污染物排放许可制（以下简称排污许可制）在我国环境治理基础制度中的定位逐渐清晰；2016 年年底，《排污许可证管理暂行规定》规范了排污许可证申请、审核、发放、管理等程序，指导地方有序展开排污许可制的落实工作；随即环保部发布了《关于开展火电、造纸行业和京津冀试点城市高架源排污许可证管理工作的通知》，在火电、造纸行业立即启动排污许可证管理工作，并在京津冀进行高架源试点。环保部建成了全国排污许可证管理信息平台（http：//permit.mep.gov.cn/permitExt/outside/default.jsp），对每个排污单位进行统一编码管理，并在网上公开，排污许可信息包含了主要生产设施、排污环节、原辅材料、以排口为单位的许可限值、排放量、限期达标规划、重污染天气应急预案等。2017 年 6 月底，完成了火电行业的许可证发放及公开。

（3）环境统计数据

环境统计（environmental statistics）：根据《环境统计技术规范　污染源统计》

（HJ 772—2015），环境统计是指对环境状况和环境保护工作情况进行统计调查、统计分析、提供统计信息和咨询、实行统计监督等并经过同级统计行政主管部门审核批准的统计行为。

1.4 研究内容和技术路线

本研究主要包括以下内容：

（1）全国火电大气污染物基础数据采集方法（第2章）

（2）全国大气污染源在线数据库（第3章）

（3）全国火电污染源条码应用（第4章）

（4）全国火电排放清单时空分配方法（第5章）

（5）全国火电排放清单系统开发（第6章）

（6）2014年高分辨率全国火电排放清单HPEC的建立（第7章）

（7）火电排放清单评估、减排控制策略评估（第8章）

技术路线如图1-17所示。

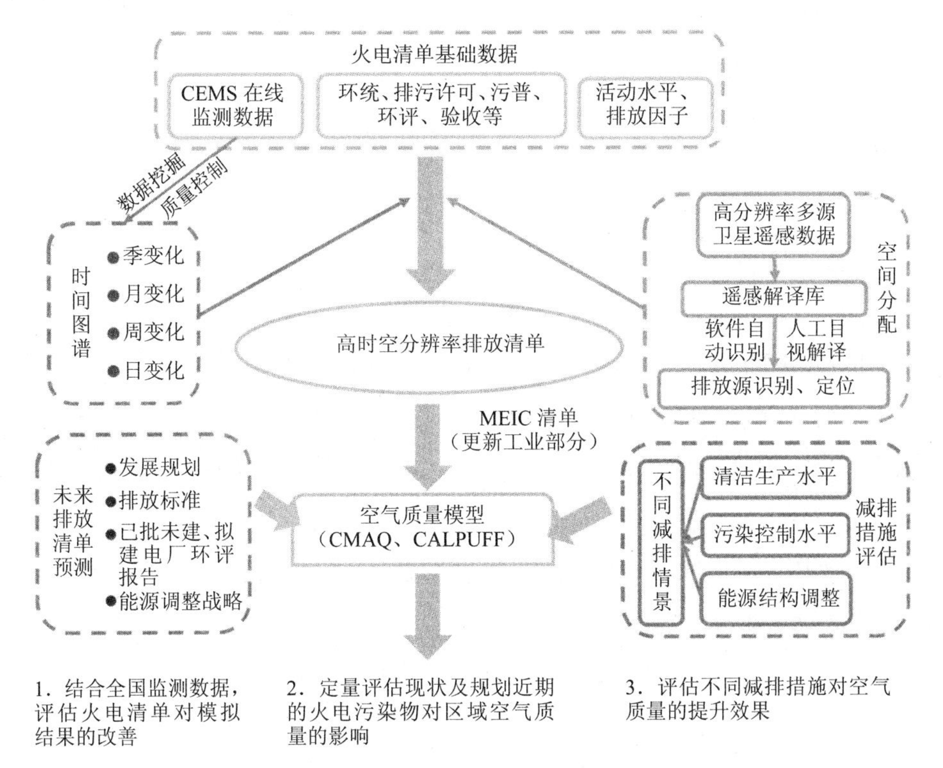

图1-17 2014年火电大气排放清单技术路线

第 2 章

火电大气污染物有组织排放清单数据采集方法

2.1 概述

我国电力行业数据来源广泛，生态环境部、国家发改委、国家统计局、国家能源局、工商部门、电力行业协会等由于管理需要，各自形成了多种数据填报体系及规范。不同部门之间的填报要求侧重点不一，数据质量保证也存在差异，导致电力行业数据的整合较为困难。

本研究结合不同来源数据的特点，针对火电行业的大气污染物排放清单，对清单编制方法进行梳理，详细说明了火电原始数据的来源情况。

2.2 适用范围及说明

火电厂的环境统计指标是指为环境统计而设定的与环境保护相关的指标。

火电厂的环境统计指标按表示的对象可以分为基本情况、生产主要情况、设备情况、烟气污染物排放情况、用水和排水情况、污染事故与缴费情况、污染治理情况等指标类型。

火电厂的环境统计指标，按值的获取方式可以分为基础指标和导出指标。

基础指标是指通过直接测试或其他措施获取的，无须进行再次计算的指标。

导出指标是指通过某种运算规则得出的，用于表征火电厂某种环境保护特性的指标。

指标的具体字段内容、数据类型、数值格式等如无特殊说明，均参照《火电厂环境统计指标》（DL/T 1264—2013）。

2.3　引用及参考文件

DL/T 1264—2013 火电厂环境统计指标

DL/T 414—2012 火电厂环境监测技术规范

HJ 2040—2014 火电厂烟气治理设施运行管理技术规范

HJ/T 373—2007 固定污染源监测质量保证与质量控制技术规范（试行）

HJ/T 397—2007 固定源废气监测技术规范

HJ/T 75—2017 固定污染源烟气（SO_2、NO_x、颗粒物）排放连续监测技术规范

HJ/T 76—2017 固定污染源烟气（SO_2、NO_x、颗粒物）排放连续监测系统技术要求及检测方法

GB/T 16157—1996 固定污染源排气中颗粒物测定与气态污染物采样方法

HJ 819—2017 排污单位自行监测技术指南　总则

HJ 820—2017 排污单位自行监测技术指南　火力发电及锅炉

污染源源强核算技术指南　火电（征求意见稿）

《国家重点监控企业污染源监督性监测及信息公开办法（试行）》（环发〔2013〕81 号）

《城市大气污染物排放清单技术手册》（2017 年修订版）

《火电行业排污许可证申领与核发技术规范》（环水体〔2016〕189 号）

《国控污染源排放口污染物排放量计算方法》（环办〔2011〕8 号）

《关于发布〈大气可吸入颗粒物一次源排放清单编制技术指南（试行）〉等 5 项技术指南的公告》（公告 2014 年第 92 号）

《关于发布〈大气细颗粒物一次源排放清单编制技术指南（试行）〉等 4 项技术指南的公告》（公告 2014 年 第 55 号）

2.4　数据采集规范

自下而上的火电行业大气污染物排放清单编制方法主要有排放因子法、物料衡算法、实测法、其他方法等。本书对不同方法所需要的关键数据指标、来源推荐进行了总结，见附表 1～附表 4。

2.5 公开可下载的火电排放清单

MEIC：http://meicmodel.org/

PKU：http://inventory.pku.edu.cn

全国重点行业大气污染物排放清单（全国火电大气排放清单数据）：http://ieimodel.org。

第 3 章

全国大气污染源在线数据库（CEMS）

目前，中国大气污染源排放清单一般未考虑在线监测数据，也未考虑环评、验收、排污许可证等数据。本章以全国重点行业在线监测点源数据为基础，根据环评、验收等生态环境部审批数据对 CEMS 数据进行补充、优化，建立基于 CEMS 全国污染源清单数据库系统。该系统包含采集优化系统和统计分析系统两大部分，采集优化系统模块主要包括交换平台、采集、优化数据、导出清单、导出到统计分析系统等模块，统计分析系统主要包括展示功能、统计分析等模块。

3.1 全国 CEMS 数据库

1986 年我国引入第一套在线监控设备（广东沙角 B 电厂），GB 13223—1996 首次要求火电厂安装在线监测设备，在线监测在我国经历了 30 余年的发展，国家层面已建成了火电排放的立体监管体系。

烟气在线监测系统（Continuous Emission Monitoring Systems，CEMS），可连续对固定污染源的大气污染物（SO_2、NO_x、烟尘等）的排放浓度、排放量进行监测。此外，CEMS 可为排污收费制度的实施提供依据，具有准确度高、维修量小、安全性好等优点，代表了今后烟气监测的发展趋势。基于 CEMS 技术建立污染源清单数据库是环境监测数据现代化的需求。

我国环境保护不同部门之间采用的数据格式和标准不够统一，阻碍了部门间的数据交流，而且给数据的使用和后期处理带来了很多麻烦，阻碍了环境信息化的深度发展。通过建立全国污染源清单数据，会对全国收集到的所有环境监测数据进行统一的编码处理、整理发布，为环境监测信息化交流提供了一个便利的平台（图 3-1～图 3-4）。

全国污染源清单数据库的建立还为各级政府进行科学管理提供了依据。政府部门在宏观调控的过程中需要掌握准确的资料才能够制定出科学、合理、有效的政策方针和管理制度。全国污染源清单数据库的建立可为政府提供分区域、分时间、分行业的大气污染物排放情况，为政府能够正确决策保驾护航。

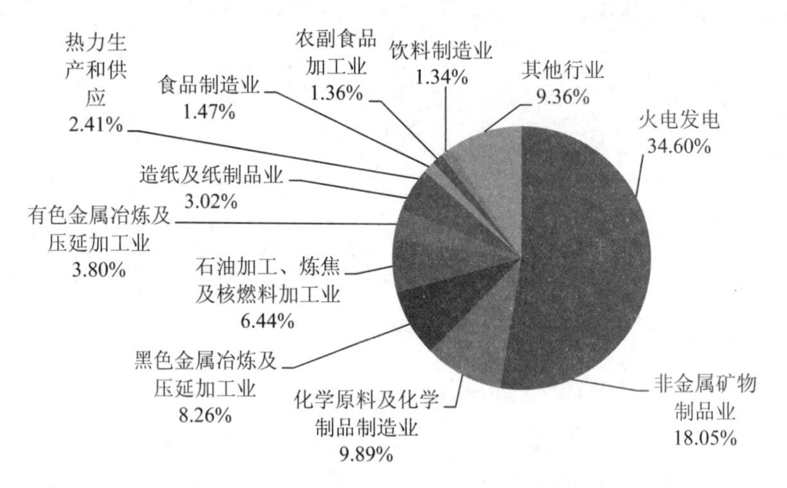

图 3-1　全国在线监测污染源行业分布情况（截至 2011 年）

图 3-2　典型火电企业中控室

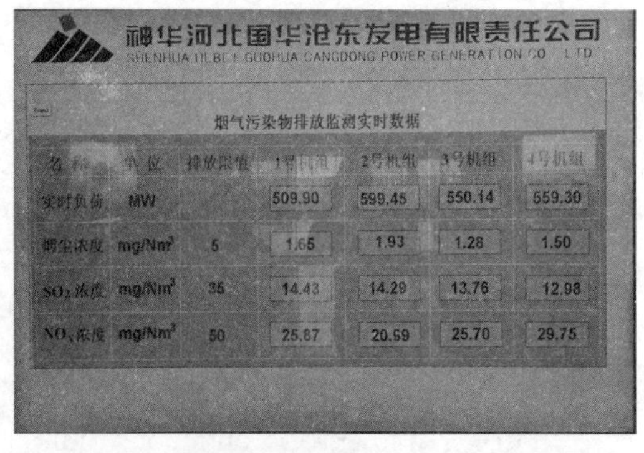

图 3-3　典型火电企业在线实时数据展示

图 3-4　火电环保大数据应用交流

3.1.1 全国污染源清单数据库系统开发需求

大气污染源清单业务化系统，可自动采集、自动传输、自动处理及自动分析环监局传送的在线监测原始数据等原始数据集（以下简称原始数据集），实现数字化环境管理。

建立重点区域、重点城市群、重点行业以及全国大气污染源排放清单现状原始数据集，结合污染源清单前处理模型（SMOKE）数据要求进行数据转换和网格化处理，形成不同层次、不同时段的网格化大气污染源排放清单（全国、省、重点城市群、重点区域、重点行业等），给出二氧化硫、氮氧化物、烟粉尘等污染物的排放时空分布及变化规律，通过中尺度模型（CMAQ、CALPUFF 等）模拟分析现有工业大气污染物二氧化硫、氮氧化物、烟粉尘、$PM_{2.5}$等污染物跨界运输贡献和影响，为大气污染治理的区域调控战略提出建议。

建设污染源排放清单数据服务共享平台，在共享平台发布网格化后的污染源清单。根据数据中心、会商平台开发需求，提供标准 WebService/ActiveX 的二次开发与调用接口，方便数据中心、会商平台开发过程中对原始数据集、污染源清单数据的调用服务。

自动分析、自动统计在线监测数据，按全国、省、重点城市群、重点区域、重点行业、时间段等来统计污染源分布、污染源数量、产能、污染物总量等信息，并自动在数据中心输出结果展示（文字、图片、表格等）。系统可以提供 Microsoft Excel 等常用 OFFICE 编辑软件工具格式为主要报表输出格式，方便用户将统计的结果做进一步的加工和利用。

按年、半年、季度统计全国在线监测企业、排放口数量，按年、半年、季度统计所有企业以及不同行业排放二氧化硫总量（万 t）、氮氧化物总量（万 t）、烟尘总量（万 t），按不同格式（xls、dbf、xml 等格式）形成报表，打印输出。

针对不同时间段（年、半年、季度）火电、钢铁、石化、水泥、有色五大行业主要污染物排放情况，进行同比与环比分析。按不同格式（xls、dbf、xml 等格式）形成报表，打印输出。

根据上述开发需求，整个全国污染源清单数据库系统分采集优化系统和统计分析系统两大部分。

3.1.2 CEMS 采集优化系统

采集优化系统是基于 J2EE 平台设计和开发，J2EE 平台提供了客户端组件、Web 组件、业务组件的实现模型以及访问各类服务的标准接口组件，具有易维护性。在 J2EE 平台的基础上，本模块需要对编码规范、命名规范、日志规范、目录分层规范、代码走读规范以及将应用程序按照功能分布进行组件化来提高系统的可支持性和可维护性。另外，在可支持性和可维护性方面，还包含了日志的记录，包含业务操作日志，用来作系统的审计工作的依据；另一部分是系统日志，用来完成系统的出错以及关键任务的快速定位。

采集优化系统设计见图 3-5。

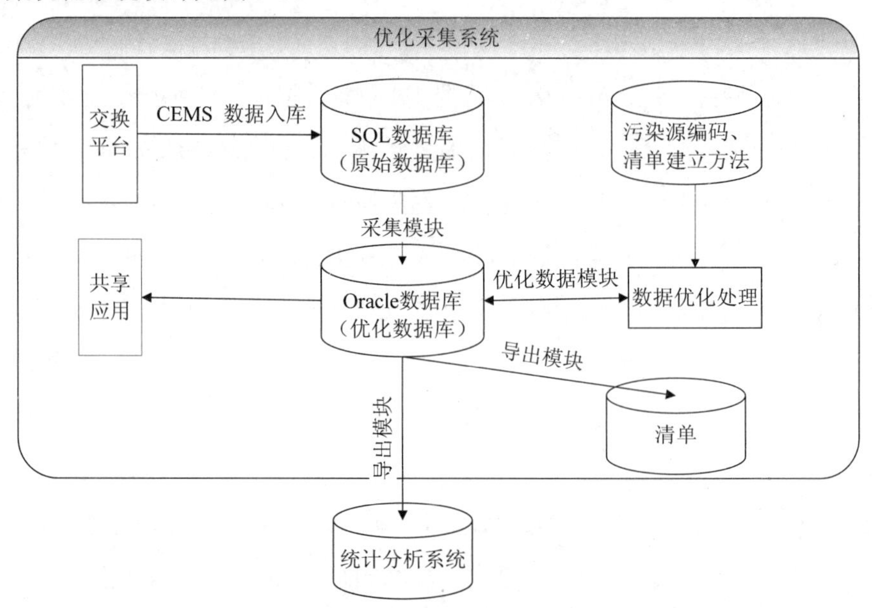

图 3-5 采集优化系统

3.1.3 交换平台

交换平台主要通过 SQL SERVER 数据库的 SSIS 组件（MICROSOFT SQL SERVER 2005 INTEGRATION SERVICES）完成 CEMS 数据交换，交换后的数据进入 SQL 数据库，交换平台实现逻辑见图 3-6。

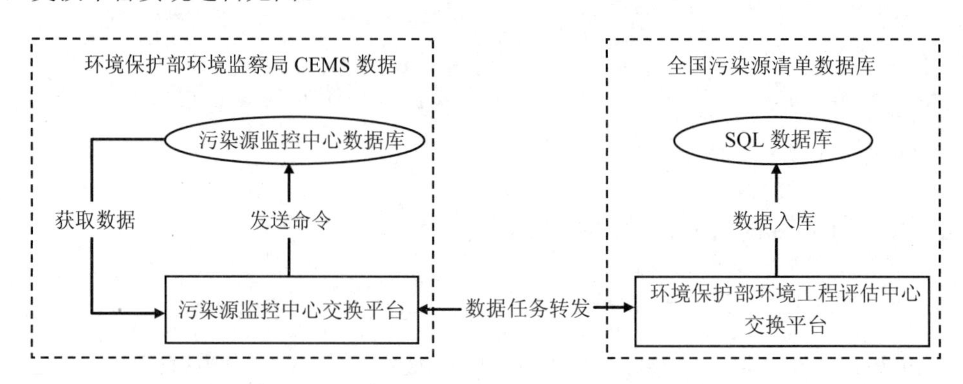

图 3-6 交换共享平台实现逻辑

3.1.4　采集模块

采集模块实现的是从 Sqlserver 数据库自动抽取数据到 Oracle 数据库，其中 Sqlserver 里面的数据是通过交换平台把国家重点污染源数据输入进来，通过 Pentacho Data Integration 工具（用于各种数据库中抽取数据的工具）把 Sqlserver 里的数据按一定的规则抽取到 Oracle 中；使用此工具首先需在 Oracle 里建立相对应的数据表，根据 Sql 里的数据结构和现有需求设计了需要抽取数据的数据表结构；依据其主键和外键来抽取数据，若 Oracle 里没有此数据就新增记录，若主键已存在则更新此记录。根据设定的频率来自动抽取一段时间内的数据，判断主键和外键，来更新或插入数据。

3.1.5　优化数据模块

目前，部分原始 CEMS 数据质量还不高，主要是因为一些企业上报的数据不规范，上报的污染源参数也不齐全，存在缺测、漏测以及异常数据。

对此，本研究通过优化数据模块对原始数据进行优化工作，优化数据模块是指采集过来的 CEMS 数据按列表方式展现出来，根据已有的污染源编码、清单建立方法等成果，通过环评、验收等数据来补充、优化 CEMS 原始数据集（可选择线上或者线下优化修正工作），见图 3-7。

图 3-7　重点污染源基本信息未修正列表

按列表方式展示出来的是采集过来的原始数据，定义为未修正，包括重点污染源基本信息未修正列表和排口信息未修正列表，见图 3-8。

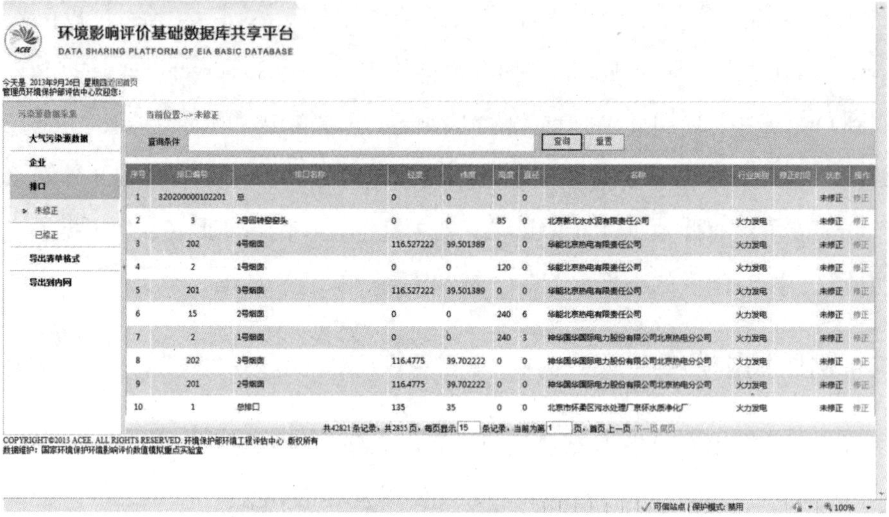

环境影响评价基础数据库共享平台
DATA SHARING PLATFORM OF EIA BASIC DATABASE

今天是 2013年9月26日 星期四返回首页
管理员环境保护部评估中心欢迎您:

污染源数据采集
大气污染源数据
企业
排口
> 未修正
已修正
导出清单格式
导出到内网

当前位置:--> 未修正

查询条件　查询　重置

序号	排口编号	排口名称	经度	纬度	高度	直径	名称	行业类别	修正时间	状态	操作
1	320200000102201	总	0	0	0	0				未修正	修正
2	3	2号回转窑窑头	0	0	85	0	北京新北水水泥有限责任公司	火力发电		未修正	修正
3	202	4号烟囱	116.527222	39.501389	0	0	华能北京热电有限责任公司	火力发电		未修正	修正
4	2	1号烟囱	0	0	120	0	华能北京热电有限责任公司	火力发电		未修正	修正
5	201	3号烟囱	116.527222	39.501389	0	0	华能北京热电有限责任公司	火力发电		未修正	修正
6	15	2号烟囱	0	0	240	6	华能北京热电有限责任公司	火力发电		未修正	修正
7	2	1号烟囱	0	0	240	3	神华国华国际电力股份有限公司北京热电分公司	火力发电		未修正	修正
8	202	3号烟囱	116.4775	39.702222	0	0	神华国华国际电力股份有限公司北京热电分公司	火力发电		未修正	修正
9	201	2号烟囱	116.4775	39.702222	0	0	神华国华国际电力股份有限公司北京热电分公司	火力发电		未修正	修正
10	1	总排口	135	35	0	0	北京市怀柔区污水处理厂京怀水质净化厂	火力发电		未修正	修正

共42821条记录，共2855页，每页显示 15 条记录，当前为第 1 页，首页 上一页 下一页 尾页

COPYRIGHT©2013 ACEE. ALL RIGHTS RESERVED. 环境保护部环境工程评估中心 版权所有
数据维护：国家环境保护环境影响评价数值模拟重点实验室

可信站点 | 保护模式: 禁用　100%

图 3-8　排口信息未修正列表

当重点污染源工作者点开某条数据进行修改保存后，则此记录将显示到对应的已修正列表（图 3-9 和图 3-10）。

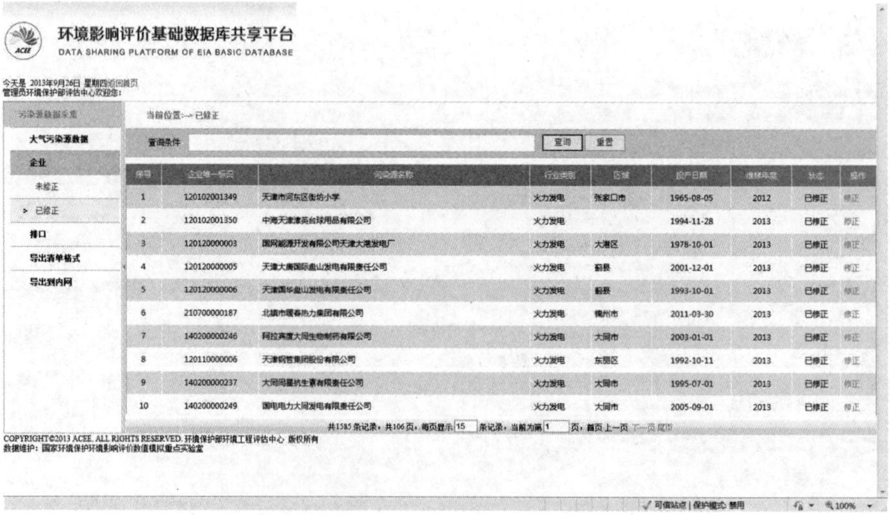

环境影响评价基础数据库共享平台
DATA SHARING PLATFORM OF EIA BASIC DATABASE

今天是 2013年9月26日 星期四返回首页
管理员环境保护部评估中心欢迎您:

污染源数据采集
大气污染源数据
企业
未修正
> 已修正
排口
导出清单格式
导出到内网

当前位置:--> 已修正

查询条件　查询　重置

序号	企业唯一标识	污染源名称	行业类别	区域	投产日期	[illegible]	状态	操作
1	120102001349	天津市河东区街坊小学	火力发电	张家口市	1965-08-05	2012	已修正	修正
2	120102001350	中海天津津英台球用品有限公司	火力发电		1994-11-28	2013	已修正	修正
3	120120000003	国网能源开发有限公司天津大港发电厂	火力发电	大港区	1978-10-01	2013	已修正	修正
4	120120000005	天津大唐国际盘山发电有限责任公司	火力发电	蓟县	2001-12-01	2013	已修正	修正
5	120120000006	天津国华盘山发电有限责任公司	火力发电	蓟县	1993-10-01	2013	已修正	修正
6	210700000187	北镇市暖春热力集团有限公司	火力发电	锦州市	2011-03-30	2013	已修正	修正
7	140200000246	阿拉宾度大同生物制药有限公司	火力发电	大同市	2003-01-01	2013	已修正	修正
8	120110000006	天津钢管集团股份有限公司	火力发电	东丽区	1992-10-11	2013	已修正	修正
9	140200000237	大同同星抗生素有限责任公司	火力发电	大同市	1995-07-01	2013	已修正	修正
10	140200000249	国电电力大同发电有限责任公司	火力发电	大同市	2005-09-01	2013	已修正	修正

共1585条记录，共106页，每页显示 15 条记录，当前为第 1 页，首页 上一页 下一页 尾页

COPYRIGHT©2013 ACEE. ALL RIGHTS RESERVED. 环境保护部环境工程评估中心 版权所有
数据维护：国家环境保护环境影响评价数值模拟重点实验室

可信站点 | 保护模式: 禁用　100%

图 3-9　重点污染源基本信息已修正列表

环境影响评价基础数据库共享平台
DATA SHARING PLATFORM OF EIA BASIC DATABASE

今天是 2013年9月26日 星期四返回首页
管理员环境保护部评估中心欢迎您:

污染源数据采集
大气污染源数据
企业
排口
未修正
已修正
导出清单格式
导出到内网

当前位置:--> 已修正

查询条件　查询　重置

序号	排口编号	排口名称	经度	纬度	高度	直径	名称	行业类别	修正时间	状态	操作
2717	201	2号烟囱	116.028311	39.938297	40	30	大唐国际发电股份有限公司北京高井热电厂	火力发电	2013	已修正	修正
2716	202	3号烟囱	66648	777	1077	1066	大唐国际发电股份有限公司北京高井热电厂	火力发电	2013	已修正	修正
2718	2	1号烟筒	111	222	444	333	大唐国际发电股份有限公司北京高井热电厂	火力发电	2013	已修正	修正
2715	1	1号回转窑窑头	1	0	80	0	北京新北水水泥有限责任公司	火力发电	2013	已修正	修正
2714	2	1号回转窑窑尾	0	0	85	0	北京新北水水泥有限责任公司	火力发电	2013	已修正	修正
2713	4	2号回转窑窑尾	20	40	85	50	北京新北水水泥有限责任公司	火力发电	2013	已修正	修正
2709	184	国华热电厂2号	0	0	240	8	神华国华电力股份有限公司北京热电分公司	火力发电	2013	已修正	修正
2710	183	国华热电厂1号	0	0	240	8	神华国华电力股份有限公司北京热电分公司	火力发电	2013	已修正	修正
2681	185	1和2号炉共用烟道	0	0	120	0	华能北京热电有限责任公司	火力发电	2013	已修正	修正
2680	186	3和4号炉共用烟道	0	0	230	8	华能北京热电有限责任公司	火力发电	2013	已修正	修正

共3305条记录，共221页，每页显示 15 条记录，当前为第 1 页，首页 上一页 下一页 尾页

COPYRIGHT©2013 ACEE. ALL RIGHTS RESERVED. 环境保护部环境工程评估中心 版权所有
数据维护：国家环境保护环境影响评价数值模拟重点实验室

可信站点 | 保护模式: 禁用　100%

图 3-10　排口信息已修正列表

批量修改基本信息和排口数据是指年导出按重点污染源工作者规定的格式的 Excel，其可保存 Excel 到本地，线下批量修改后再往系统导入，把 Excel 里的数据更新到相对应的数据表中。导出与导入的操作页面见图 3-11 和图 3-12。

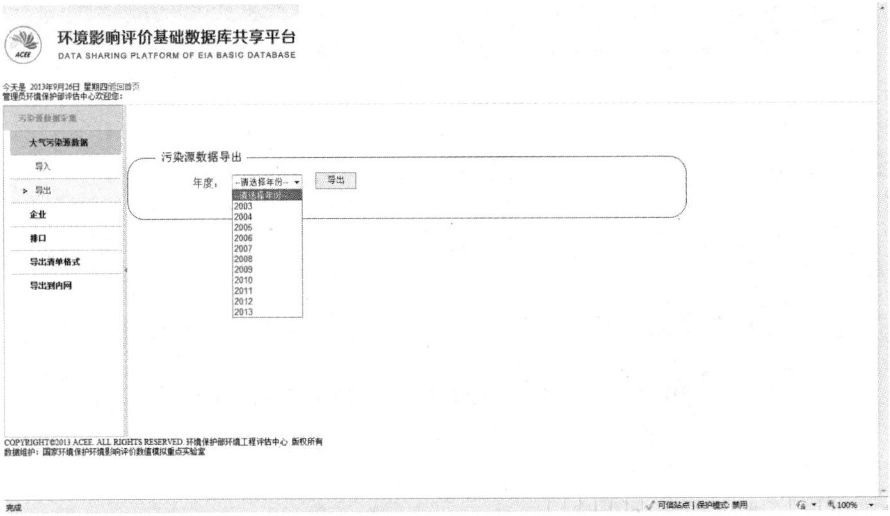

环境影响评价基础数据库共享平台
DATA SHARING PLATFORM OF EIA BASIC DATABASE

今天是 2013年9月26日 星期四返回首页
管理员环境保护部评估中心欢迎您:

污染源数据采集
大气污染源数据
导入
导出
企业
排口
导出清单格式
导出到内网

污染源数据导出
年度：--请选择年份--　导出
--请选择年份--
2003
2004
2005
2006
2007
2008
2009
2010
2011
2012
2013

COPYRIGHT©2013 ACEE. ALL RIGHTS RESERVED. 环境保护部环境工程评估中心 版权所有
数据维护：国家环境保护环境影响评价数值模拟重点实验室

完成　可信站点 | 保护模式: 禁用　100%

图 3-11　导出的操作页面

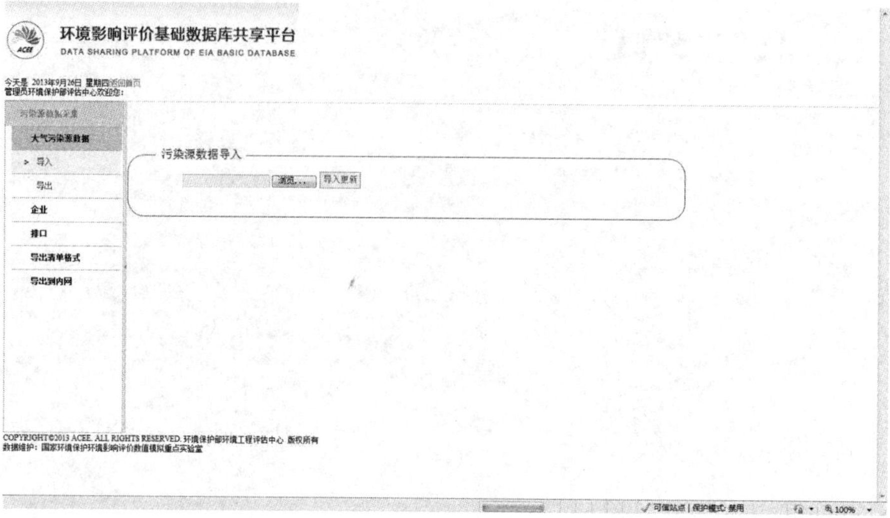

图 3-12 导入的操作页面

导出的 Excel 见图 3-13。

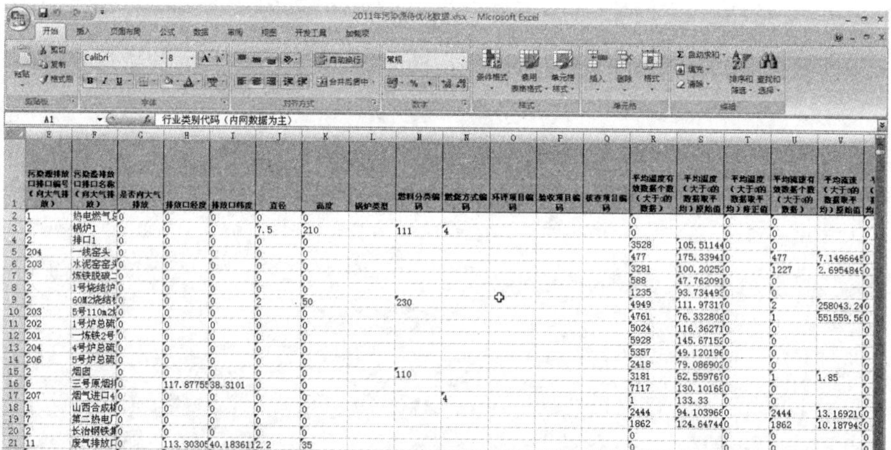

	E 污染源排放口排口编号（向大气排放）	F 污染源排放口排口名称（向大气排放）	G 是否向大气排放	H 排放口经度	I 排放口纬度	J 直径	K 高度	L 锅炉类型	M 燃料分类编码	N 燃烧方式编码	O 环评项目编码	P 验收项目编码	Q 核查项目编码	R 平均温度有效数据个数（大于0的数据）	S 平均温度（大于0的数据取平均）原始值	T 平均温度（大于0的数据取平均）修正值	U 平均流速有效数据个数（大于0的数据）	V 平均流速（大于0的数据取平均）原始值
2	1	热电燃气总	0	0	0	0	0							0		0	0	
3	2	锅炉1	0	0	0	7.5	210		111	4				0		0	0	
4	2	排口1	0	0	0	0	0							3528	105.51144	0	0	
5	204	一线窑头	0	0	0	0	0							477	175.33941	0	477	7.149664
6	203	水泥窑窑头	0	0	0	0	0							3281	100.20252	0	1227	2.695484
7	3	炼铁脱硫二	0	0	0	0	0							588	47.762091	0	0	
8	2	1号烧结炉	0	0	0	0	0							1235	93.73449	0	0	
9	2	60M2烧结机	0	0	0	2	50		230					4949	111.97317	0	2	258043.24
10	203	5号110m2	0	0	0	0	0							4761	76.332808	0	1	551559.5
11	202	1号炉总硫	0	0	0	0	0							5024	116.36271	0	0	
12	201	一炼铁2号	0	0	0	0	0							5928	145.67152	0	0	
13	204	4号炉总硫	0	0	0	0	0							5357	49.120196	0	0	
14	206	5号炉总硫	0	0	0	0	0							2418	79.086902	0	0	
15	2	烟囱	0	0	0	0	0		110					3181	62.559767	0	1	1.85
16	6	三号原烟排	0	117.87755	38.3101	0	0							7117	130.10168	0	0	
17	207	烟气进口4	0	0	0	0	0			4				1	133.33	0	0	
18	1	山西合成橡	0	0	0	0	0							2444	94.103968	0	2444	13.16921
19	7	第二热电厂	0	0	0	0	0							1862	124.64744	0	1862	10.18794
20	2	长治钢铁集	0	0	0	0	0							0		0	0	
21	11	废气排放口	0	113.30305	40.183611	2.2	35							0		0	0	
22	2	废气出口2	0	0	0	0	0							0		0	0	
23	3	一期1号废	0	113.28944	40.033056	8	210		141	2				0		0	0	

图 3-13 导出的 Excel 用于优化线下修改后导入

3.1.6 导出清单模块

导出清单模块是指根据清单研究者的需求，设置好条件，可任意选一种导出类型，导出需要的 Excel 格式供其下载。可导出选中类型的 Excel 输出清单格式，供空气质量模式进一步使用。选择条件页面见图 3-14。

图 3-14　导出清单页面

3.1.7　导出到统计分析系统模块

导出到内网模块是指按具体月份导出压缩包保存到本地，然后再把导出的压缩包导入内网，完成优化数据从外网输送的内网工作流程。导出界面见图 3-15。

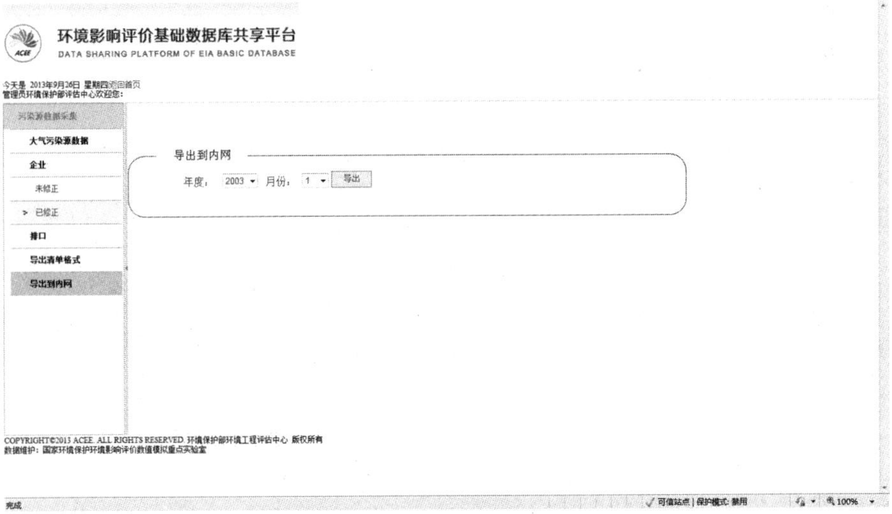

图 3-15　专网导出压缩包页面

3.2 2014 年在线监测火电总体情况

根据全国污染源在线监测数据库，2014 年全国电力行业大气污染源在线监测企业有 1 584 家，火电企业最为集中的几个省份分别是山东省、江苏省、浙江省、内蒙古自治区，在线监测的火电企业数量分别为 245 家、136 家、120 家和 111 家，见表 3-1。

在线监测结果表明 2014 年全国所有在线监测火电排口全年烟尘、二氧化硫、氮氧化物的排放量分别为 98.83 万 t、159.24 万 t、173.55 万 t。其中上半年排放总量分别为 53.70 万 t、91.4 万 t、108.76 万 t；下半年排放总量为 45.13 万 t、67.84 万 t、64.79 万 t。可以看到下半年执行较严格的排放标准后，火电排污总量有了明显的削减。

表 3-1　2014 年全国在线火电分省统计

省份	在线监测企业数量/个
北京市	8
天津市	14
河北省	89
山西省	89
内蒙古自治区	111
辽宁省	73
吉林省	47
黑龙江省	82
上海市	15
江苏省	136
浙江省	120
安徽省	51
福建省	22
江西省	16
山东省	245
河南省	83
湖北省	37
湖南省	21
广东省	70
广西壮族自治区	14
海南省	2

省份	在线监测企业数量/个
重庆市	19
四川省	28
贵州省	22
云南省	15
陕西省	59
甘肃省	24
青海省	5
宁夏回族自治区	24
新疆维吾尔自治区	43
总计	1 584

第 4 章

火电行业污染源条码应用研究

4.1 火电行业排放源分类

国民经济行业分类中，火电行业是指利用煤炭、石油、天然气等燃料燃烧产生的热能，通过火电动力装置转换成电能的生产行业。火电行业排放的污染物主要有 SO_2、NO_x、PM_{10}、$PM_{2.5}$ 等。

根据清单编制的一般步骤，在排放清单编制时，应首先明确排放源的主要构成，选取合适的排放源分类级别，以确定源清单编制过程中的活动水平数据调查和收集对象。火电行业属于固定燃烧源，固定燃烧源是指利用燃料燃烧时产生热量，为发电、工业生产和生活提供热能和动力的燃烧设备。参考已发布的《大气可吸入颗粒物一次源排放清单编制技术指南（试行）》《大气细颗粒物一次源排放清单编制技术指南（试行）》等清单编制技术指南，污染物清单编制时，根据各污染物产生机理和排放特征的差异，可按照部门/行业、燃料/产品、燃烧/工艺技术以及末端控制技术将排放源分为四级，自第一级至第四级逐级建立完整的排放源分类分级体系，以第四级作为排放清单的基本计算单元。

以 PM_{10} 为例，固定燃烧源的第一级分类包括电力、供热、工业和民用四个部门；第二级分类包括煤炭、生物质以及各种气体和液体燃料；第三级分类下则涵盖了各种具体的燃烧设备。完整的固定燃烧源第一～三级源分类见表 4-1。

固定燃烧源第四级分类包括袋式除尘、普通电除尘、高效电除尘、电袋复合除尘、湿式除尘和机械式除尘六种污染控制技术以及无除尘设施的情况，其对应的 PM_{10} 去除效率见表 4-2。

表 4-1　固定燃烧源第一～三级分类及对应的 PM_{10} 产生系数

行业	燃料	工艺技术	PM_{10}/（g/kg-燃料）	质量分级
电力	煤炭①	煤粉炉/流化床炉/层燃炉	物料衡算法	
	柴油		0.50	C
	燃料油		0.85	C
	天然气②		0.03	C
	其他气体②		0.03	C
供热	煤炭①	煤粉炉/流化床炉/层燃炉	物料衡算法	
	柴油		0.50	C
	燃料油		0.85	C
	天然气②		0.03	C
	其他气体②		0.03	C
工业	煤炭①	流化床炉/层燃炉/茶浴炉	物料衡算法	
	柴油		0.50	C
	燃料油		0.85	C
	煤油		0.90	C
	天然气②		0.03	C
	其他气体②		0.03	C
民用	煤炭	层燃炉	物料衡算法	
	原煤		9.52	A
	洗精煤		3.71	A
	其他洗煤		3.71	A
	型煤		3.71	A
	柴油		0.50	C
	燃料油		0.85	C
	煤油		0.90	C
	天然气②		0.03	C
	液化石油气		0.17	C
	其他气体②		0.03	C

注：①煤炭包含原煤、洗精煤和其他洗煤三类。

②天然气与其他气体燃料排放系数的单位是 g/m^3。

表 4-2　固定燃烧源与工艺过程源第四级分类的 PM_{10} 去除效率　　单位：%

行业	燃料/原料/产品	工艺技术	有组织排放					
			袋式除尘	普通电除尘	高效电除尘	电袋复合除尘	湿式除尘	机械除尘
电力	煤炭	煤粉炉	99.37	96.70	98.22	99.37	79.57	54.35
		流化床炉	99.38	96.79	9.8.28	99.38	80.34	55.52
		层燃炉	99.35	96.48	98.09	99.35	77.88	51.82
	柴油		99.00	93.00	96.00	99.00	50.00	10.00
	燃料油		99.13	94.34	96.80	99.13	60.70	26.06
	天然气		99.00	93.00	96.00	99.00	50.00	10.00
	其他气体		99.00	93.00	96.00	99.00	50.00	10.00
供热	煤炭	煤粉炉	99.37	96.70	98.22	99.37	79.57	54.35
		流化床炉	99.38	96.79	98.28	99.38	80.34	55.52
		层燃炉	99.35	96.48	98.09	99.35	77.88	51.82
	柴油		99.00	93.00	9.00	99.00	50.00	10.00
	燃料油		99.13	94.34	96.80	99.13	60.70	26.06
	天然气		99.00	93.00	96.00	99.00	50.00	10.00
	其他气体		99.00	93.00	96.00	99.00	50.00	10.00
工业	煤炭	流化床炉	99.33	96.25	97.95	99.33	50.00	49.00
		层燃炉	99.33	96.25	97.95	99.33	76.00	49.00
		茶浴炉	99.33	96.25	97.95	99.33	76.00	49.00
	柴油		99.00	93.00	96.00	99.00	50.00	10.00
	燃料油		99.13	94.3	96.80	93.13	60.70	26.06
	煤油		99.00	93.00	96.00	99.00	50.00	10.00
	天然气		99.00	93.00	96.00	99.00	50.00	10.00
	其他气体		99.00	93.00	96.00	99.00	50.00	10.00
民用	煤炭	层燃炉	99.33	96.25	97.95	99.33	76.00	49.00
	原煤	煤炉	99.11	94.11	96.67	99.11	58.89	23.33
	洗精煤	煤炉	99.11	94.11	96.67	99.11	58.89	23.33
	其他洗煤	煤炉	99.11	94.11	96.67	99.41	58.89	23.33
	型煤	煤炉	99.11	94.11	96.67	99.11	58.89	23.33
	柴油		99.00	93.00	96.00	99.00	50.00	10.00
	燃料油		99.31	96.15	97.89	99.31	75.16	47.74
	煤油		99.00	93.00	96.00	96.00	50.00	10.00
	天然气		99.00	93.00	9.00	99.00	75.16	10.00
	液化石油气		99.00	93.00	96.00	99.00	50.00	10.00
	其他气体		99.00	93.00	96.00	99.00	50.00	10.00
钢铁	烧结矿	烧结	99.28	95.83	97.70	99.28	72.66	43.99
	球团矿	球团	99.28	95.83	97.70	99.28	72.66	43.99
	生铁	炼铁	99.19	94.88	97.13	99.19	65.00	32.50
	钢	转炉	99.14	94.43	96.86	99.14	61.43	27.14
		电炉	99.13	94.29	96.78	99.13	60.33	25.50
	铸铁	铸造	99.11	97.06	96.64	99.11	58.47	22.71

行业	燃料/原料/产品	工艺技术	有组织排放					
			袋式除尘	普通电除尘	高效电除尘	电袋复合除尘	湿式除尘	机械除尘
有色冶金	电解铝	一次铝	99.16	97.55	93.93	99.16	62.41	28.62
		二次铝	99.13	94.27	96.76	99.13	60.17	25.25
		联合法	99.13	94.25	96.75	99.13	60.00	25.00
	氧化铝	联合法	99.13	94.25	96.75	99.13	60.00	25.00
		拜耳法	99.13	93.54	9.75	9.13	54.35	25.00
		烧结法	99.05	93.54	96.33	99.05	54.35	16.52
	粗铜		99.05	96.54	96.33	99.05	54.35	16.52
	粗铅		99.05	93.54	96.33	99.05	54.35	16.52
	电解铝		99.05	93.54	96.33	99.05	54.35	16.52
	粗锌		99.05	93.54	96.33	99.05	54.35	16.52
	电锌		99.05	93.54	96.33	99.05	54.35	16.52
	氧化锌		99.05	93.54	96.33	99.05	54.35	16.52
	蒸馏锌		99.05	93.54	96.33	99.05	54.35	16.52
	锌焙砂		99.05	93.54	96.33	99.05	54.35	16.52
建材	水泥	立窑	99.34	96.40	98.04	99.34	77.20	50.80
		新型干法	99.31	96.13	97.88	99.31	75.00	47.50
		其他旋窑	99.34	96.39	98.04	99.34	77.14	50.71
	砖瓦		99.3	96.16	97.89	99.32	75.26	47.89
	石灰		99.4	97.42	98.65	99.44	85.33	63.00
	陶瓷		99.32	96.16	97.89	99.32	75.26	47.89
	玻璃	浮法平板玻璃	99.05	93.21	96.13	99.02	51.68	12.52
		垂直引上平板玻璃	99.02	93.21	96.13	99.02	51.68	12.52
		其他玻璃	99.02	93.21	96.13	99.02	51.68	12.52
石化化工	炼焦	机焦	99.20	95.01	97.21	99.20	66.12	34.18
	原油生产		99.10	94.01	96.61	99.10	58.08	22.12
	化肥		99.06	93.61	96.37	99.06	54.89	17.33
	碳素		99.05	93.50	96.30	99.05	54.00	16.00
废弃物处理	固体废物	焚烧	99.08	93.83	96.50	99.08	56.67	20.00

4.2　火电行业活动水平调查

从排放清单空间计算尺度上分，固定燃烧源包括点源与面源两种类型。点源是指可获取固定排放位置及活动水平的排放源，在排放清单中一般体现为单个企业或工厂的排放量；面源是指难以获取固定排放位置和活动水平的排放源的集合，在清单中一般体现为省、地级市或区县的排放总量。根据火电行业的排放特点，火电行业的清单在空间尺度上属于点源排放。对于固定燃烧源中的点源排放，污染物排放量由下式计算：

$$E=A\times \mathrm{EF}\times(1-\eta)$$

式中：A—— 该排放源的活动水平；

EF —— 污染物的产生系数；

η—— 污染控制技术对其的去除效率。

火电行业活动水平调查需获取的活动水平信息包括排污设施的经纬度、燃料类型、锅炉类型、燃料消耗量以及污染物处理设施的类型。对于每个排污设施，根据其燃料类型、锅炉类型和污染物处理设施的类型确定其所属的第四级源分类。火电行业活动水平优先采用实地调查的方式获取活动水平数据。无法开展活动水平调查时，可从环境统计和污染源普查数据中获取相应信息。当从环境统计和污染源普查数据中获取相应信息时，如何保证污染源的有效唯一标识，保证数据库的有效衔接，这就要求在清单编制过程中必须关注污染源唯一编码的问题。

4.3 现行各环保业务数据库中代码应用情况

4.3.1 排污单位编码规则及应用现状

排污单位编码又叫排污单位唯一标识码，顾名思义，其主要目的是使用数字代码唯一表示某一企业，以方便与企业有关信息的快速识别、查找、填报等。企业唯一标识码可以是有含义的特征码，也可以是无含义的数字码。

根据前期调研情况，在围绕污染源的六类数据中，减排核查核算、排污申报与排污收费依靠法人代码唯一标识；环境统计、污染源普查利用组织机构代码唯一标识；在线监测数据则使用数字地址码+顺序码的方式唯一标识。排污许可由于各地方管理办法不同，要求填报的企业编码也五花八门，有不需要填写代码的，也有要求填写法人代码、组织机构代码、工商营业执照号等。现有污染源管理数据中排污单位代码使用情况见表 4-3。

表 4-3　现有污染源管理数据中排污单位编码使用情况

业务类别	企业唯一标识码
环境统计	组织机构代码
污染源普查	组织机构代码
减排核查核算	法人代码（组织机构代码）
排污申报与排污收费	法人代码（组织机构代码）
在线监测	数字地址码+顺序码

4.3.2　生产设施编码规则及应用现状

现行各环境管理业务重点关注末端治理及排放问题，对生产工艺和产污设施关注不够。在诸多信息化系统中，目前对生产设施环节有编号的有第一次污染源普查和环境统计信息系统，但它们也只是对锅炉（GL）、炉窑（LY）进行了单独编码，其他设施如钢铁中的球团也没有进行统一编码。其他业务系统主要调查生产设施产能、数量等，不进行生产设施的唯一标识，因此无相关的编码规则及应用。

4.3.3　处理设施及排污口编码规则及应用现状

现行各环境管理业务中，除污染源普查和环境统计对处理设施赋以编号，并逐个统计名称、类型、处理能力、处理情况（表 4-4），其他业务基本不进行处理设施的单独调查。排污口编码方面，环境统计、减排核查核算、排污申报与排污收费等业务只调查污染物的总体排放情况，不区分统计各排污口排放情况；污染源普查中为了体现与处理设施的对应关系，对排污口采用了 FS/FQ-流水号的编码规则；在线监测业务中则主要为了企业内部各排口，采用了企业自定义流水号的编码规则（表 4-5）。

表 4-4　现有污染源管理数据中处理设施编码使用情况

业务类别	处理设施唯一标识码
环境统计	用字母 QC/QS/QN（分别代表除尘/脱硫/脱硝）及内部编号组成，如 QC_1，QC_2，…，QS_1，QS_2…
污染源普查	SZ/QZ-流水号
减排核查核算	无编码
排污申报与排污收费	无编码
排污许可	无统一编码
污染源在线监测	无编码

表 4-5 现有污染源管理数据中排污口编码使用情况

业务类别	排污口唯一标识码
环境统计	无编码
污染源普查	FS/FQ-流水号，体现与处理设施对应关系
减排核查核算	无编码
排污申报与排污收费	无编码
排污许可	各地规则不一致，有 WS/FQ-流水号、企业自定义流水号等
污染源在线监测	企业自定义流水号

4.4 国家/行业已发布排污单位有关代码

4.4.1 《组织机构代码》

（1）组织机构代码的由来

组织机构代码是向我国境内依法注册、依法登记的每一个企业、事业、机关、社会团体及其他合法组织颁发的，在全国范围内唯一的、始终不变的法定代码标识。

组织机构代码标识制度是在计划经济向市场经济转变时，按照党中央、国务院的要求，于 1989 年由原国家技术监督局、国家计委、国家科委、财政部、人事部、民政部、国家统计局、工商行政管理局、税务局、国家信息中心十个部门共同建立的。《国务院批转国家技术监督局等部门关于建立企事业单位和社会团体统一代码标识制度报告的通知》（国发〔1989〕75 号）明确指出，“建立机关、企事业和社会团体统一代码标识制度是国家发挥监督管理体系整体效能，强化管理的一项改革”。随后在全国范围内便实现了对所有依法成立机构赋码的大统一。

（2）组织机构代码的特性

组织机构代码从一开始就采用国际标准《数据交换标识法的结构》（ISO 6523）和国家强制性标准《全国组织机构代码编制规则》（GB 11714）进行编制，其统一编码规则见图 4-1。

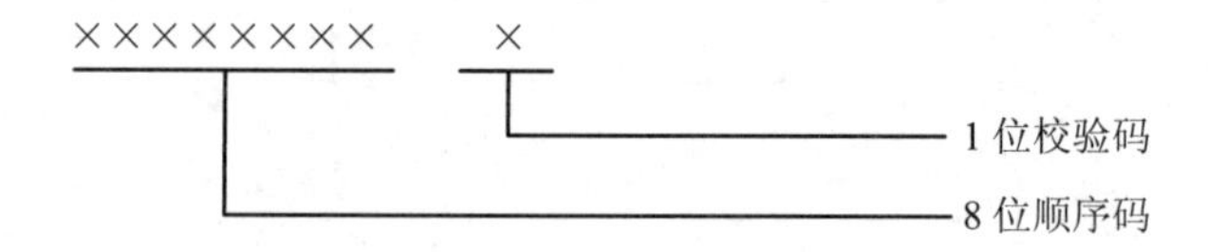

图 4-1 组织机构代码统一编码规则

该编制规则，借鉴了国际编码的主流做法，充分在标准性、通用性、稳定性、共享性等特点的基础上，进一步考虑了兼容性的问题。其中 8 位顺序码是“无含义”码，主要是为“屏蔽”机构性质、业务范围和其他属性信息变更等所带来的变化，从而确保代码的唯一性和终身不变性。

组织机构代码编码规则具有以下几个特性。

①唯一性：在全国范围内，每一个组织机构只拥有一个组织机构代码作为该组织机构的唯一标识，每一个组织机构代码也只允许被赋予一个组织机构。该特征确保了社会活动主体不会被混淆，这是建立我国“单位实名制”的基础，便于实现社会管理的高效率和准确性。

②终身不变性：如一个代码已经颁发给某个组织机构，该代码就伴随这个组织机构从产生到消亡的全过程，只要这个机构合法地存在一天，该代码就存在一天，不会发生任何变更。

③统一性：组织机构代码具有鲜明的整体性特点，组织机构代码在编制上有统一的国家标准。代码工作的方针政策、规章制度、规划计划、方法步骤等方面都遵循“全国一盘棋”的原则，更好地为国家整体的信息化事业服务，为社会信用体系建设服务。

④共享性：组织机构代码的诞生就是为了实现信息共享，组织机构代码的价值就在于为政府监管和全社会提供应用，目前组织机构代码以及其信息已广泛应用在中国人民银行、社会保障、财政和公检法等 34 个政府部门，并且基金委、知识产权局、高法等多个政府应用部门在下一期的信息系统规划中也都将组织机构代码作为搭建系统的关键字之一，以强化政府管理，简化行政手续，节约管理成本。

⑤开放性：组织机构代码具有很强的开放性，目前已建立了广泛支持各领域社会管理、金融管理层面的信息共享机制，是信息化建设中国家重要信息系统管理的主体识别标识。

不仅如此，组织机构代码本身还由于码段短的特点使其很容易直接应用在其他政府部门内部的编码体系中，比如税务总局直接将组织机构代码号嵌入其主体标识编码体系之中，把其作为税务登记号的组成部分，即在 9 位组织机构代码号的基础上加上 6 位数的前缀（即 6 位数的行政区划编码）；生态环境部的污染源代码则是在 9 位代码号的基础上加上 3 位数的后缀（3 位后缀顺序码表示对同一组织机构代码的不同污染源赋码对象编定的顺序号）。无论是加前缀或后缀，都能方便地按自身需求对监管对象进行二度编码，以便对其进行科学有效的管理。

（3）组织机构代码库的生成、更新与维护

组织机构代码的生成、更新与维护由国家质检总局下设的全国组织机构代码管理中心统一组织、协调和实施。目前，全国有46个省市级代码分支机构和近2 700个县以上代码受理工作机构，约10 000名工作人员参与组织代码数据库的更新维护。根据《组织机构代码管理办法》，各级质量技术监督部门对组织机构代码登记信息有效性等进行年度验证，确保组织机构代码的唯一性和相关信息数据的准确性、时效性。组织机构代码年检采取滚动制，组织机构在领取新证、换证或年检满一年后，应按照代码证书上载明的年检日期当月，前往发证机关办理年检手续。对于逾期未年检的，按照规定予以一定额度的罚款。

组织机构代码数据的审核实行省级统一集中上报，每日动态更新，目前已经形成了全国2 300多万家单位基本信息的“全国组织机构代码共享平台”，通过全国组织机构代码共享平台，可以查询到后台数据库中存储的机构代码、机构名称、经营范围、行政区划等33项内容。

4.4.2 《污染源编码规则（试行）》

作为组织机构代码的应用之一，也是为了解决污染源唯一标识的问题，环保部于2011年3月7日发布了《污染源编码规则（试行）》（HJ 608—2011），并于2012年6月1日起正式实施。污染源编码的赋码对象为对环境污染源负有或承担管理责任的企业、组织或机构，污染源代码用于唯一标识某一环境污染源实体，无任何其他意义。

污染源编码在结构上分为A类码和B类码。A类码（图4-2）对于具有独立法人资格的法人单位及二级单位，由12位码进行标志，结构为9位组织机构代码+3位数字顺序码。

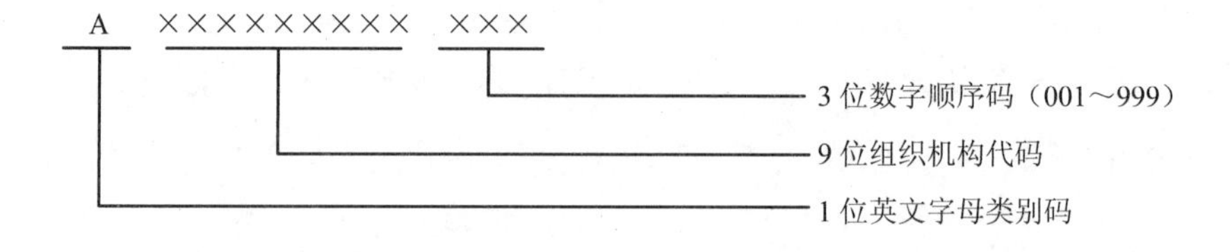

图4-2　污染源编码A类码编码规则

B类码（图4-3）对于尚未领取组织机构代码或不属于法定赋码范围的单位，由13位码进行标志，结构为6位数字地址码+6位数字顺序码+1位英文字母顺序码。B类编码范围的污染源具备 A 类编码条件后，应按照 A 类编码原则重新赋码。

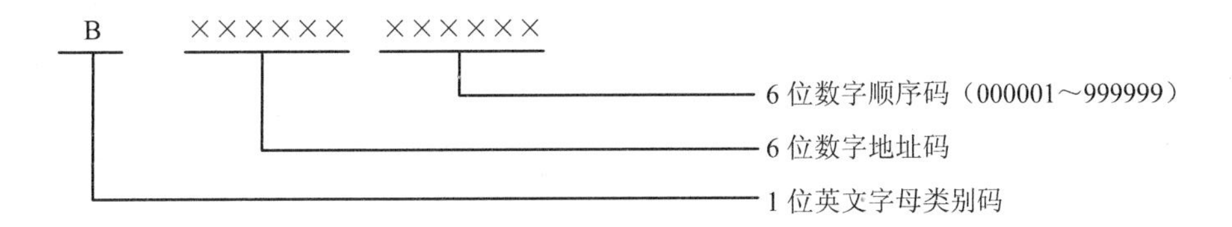

图 4-3　污染源编码 B 类码编码规则

污染源代码的生成与变更，全国污染源编码信息管理系统采取集中式部署，各级环境保护主管部门通过网络访问全国污染源编码信息管理系统，实现污染源代码的统一申请和发放。污染源实体发生新增、变更或注销等变化时，必须按照污染源代码变更维护规则进行污染源代码的申领、变更和注销。

4.4.3　《法人和其他组织统一社会信用代码编码规则》及修改单

2015 年，《法人和其他组织统一社会信用代码编码规则》（GB 32100—2015）由国家质量监督检验检疫总局和国家标准化管理委员会发布，自 2015 年 10 月 1 日起实施。2016 年 4 月，国家标准化管理委员会批准《法人和其他组织统一社会信用代码编码规则》（GB 32100—2015）国家标准第 1 号修改单，对原标准部分内容进行了修改，修改单自 2016 年 4 月 18 日起实施。

《法人和其他组织统一社会信用代码编码规则》的制定，明确了法人和其他组织统一社会信用代码的构成，为实现法人和其他组织统一赋码，为政府部门间信息共享和业务协同奠定基础，实现各部门的资源整合，利于简化业务流程，减轻法人和其他组织的负担，推动实现政府职能转变，行政效能提升。

法人和其他组织统一社会信用代码设计为 18 位，由登记管理部门代码、机构类别代码、登记管理机关行政区划码、主体标识码（组织机构代码）、校验码五个部分组成，见图 4-4。

该规则由登记管理部门会同组织机构代码管理部门按照不同领域分期分批实施。工商部门自 2015 年 10 月 1 日起实施，其他登记管理部门在 2015 年年底前实施。该规则实施前，要求有关部门要做好制定统一代码标准、改造注册登记系统、预赋和分配码段等工作。推动制定法人和其他组织统一社会信用代码条例，形成实施统一代码的强制性国家标准。

代码序号	1	2	3	4	5	6	7	8	9	10	11	12	13	14	15	16	17	18
代码	×	×	×	×	×	×	×	×	×	×	×	×	×	×	×	×	×	×
说明	登记管理部门代码1位	机构类别代码1位	登记管理机关行政区划码6位						主体标识码（组织机构代码）9位									校验码1位

图 4-4 统一社会信用代码编码规则

4.4.4 其他环保相关已发布可参考代码

4.4.4.1 《环境信息分类与代码》（HJ/T 417—2007）

《环境信息分类与代码》（HJ/T 417—2007）对环境管理、环境科学、环境技术、环境保护产业等与环境保护相关的信息进行分类并编写代码，环境信息分类的代码遵循唯一性、合理性、可扩充性、简明性、稳定性、无含义性、规范性等原则。

环境信息的编码方法采用层次码为主体，每层中则采用顺序码。其中，层次码依据编码对象的分类层级将代码分为若干层级，并与分类对象的分类层次相对应；代码自左向右表示的层级由高至低，代码的左端为最高位层级代码，右端为最低层级代码；采用固定递增格式。顺序码采用递增的数字码。代码由不同层级的类目组成，类目层次最多到四级，类目层次可根据发展需要增加。类目代码用阿拉伯数字表示，每层代码均采用2位阿拉伯数字表示，即01～99。一级类目代码由第一层代码组成，二级及以上类目代码由上位类代码加本层代码组成，见图4-5。

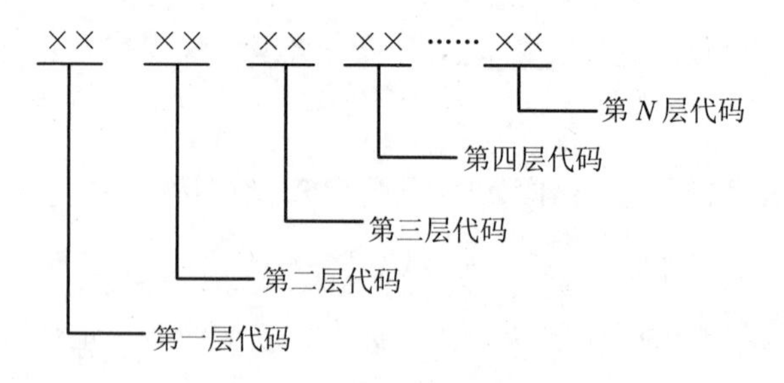

图 4-5 环境信息编码规则

环境信息分类与代码在全国各级环境保护部门的环境信息采集、交换、加工、使用以及环境信息系统建设的管理工作具有较为广泛的应用。

4.4.4.2　《环境污染源类别代码》（GB/T 16706—1996）

《环境污染源类别代码》（GB/T 16706—1996）（简称《代码》）是为适应环境保护的发展、管理和决策需要而制定的。它有助于正确反映环境中各种污染的性质状况、治理效果和发展趋势，便于环境保护的科学决策和信息管理，也适合于与其他信息系统之间的信息交换。

环境污染源类别代码规定了环境污染源的类别与代码，从六个不同的方面对环境污染源进行分类。每个方面包含若干个彼此独立的类目。每个类目表示一种环境污染源类型。

代码用两位阿拉伯数字表示，其中：

11～19 表示按污染源的运动方式划分的环境污染源类别；

21～29 表示按污染源的空间分布划分的环境污染源类别；

31～49 表示按污染源的污染对象划分的环境污染源类别；

51～59 表示按人类活动划分的环境污染源类别；

61～69 表示按排放污染物形态划分的环境污染源类别；

91～99 表示按其他方面划分的其他环境污染源类别。

如果个位数是“0”，则表示分类面的名称；凡个位数字是“9”，则表示“其他”，见图 4-6。

代码	类别名称	说明
10	污染源的运动方式	
11	固定污染源	
13	流动污染源	
19	其他运动方式的污染源	
20	污染源的空间分布	
21	点污染源	
23	线污染源	
25	面污染源	

图 4-6　环境污染源类别代码

4.4.4.3 污染物名称代码

污染物指的是进入环境后使环境的正常组成发生变化，直接或者间接损害生物生长、发育和繁殖的物质。为贯彻《中华人民共和国环境保护法》，促进环境信息化建设，环保部科技标准司组织制定了《大气污染物名称代码》（HJ 524—2009）、《水污染物名称代码》（HJ 525—2009）和《固体废物名称和类别代码》（《国家危险废物名录》）等标准、法规。

（1）大气污染物名称代码

《大气污染物名称代码》对环境管理、环境统计、环境监测、环境影响评价、排污权交易、污染事故应急处置、各类大气环境质量标准、各类大气污染物排放标准、环境保护国际履约、环境科学研究、环境工程、环境与健康和实验室信息系统等业务涉及的大气污染物及相关指标进行分类、列表，规定了大气污染物名称代码。大气污染物名称代码表主要包括大气污染物及相关指标的代码、类别、中文名称、英文名称、化学符号、CAS 号、别名等。

大气污染物代码格式采用码位固定的字母数字混合格式（图 4-7）。字母代码采用缩写码表示，即用“a”表示气；数字代码采用阿拉伯数字表示，即采用递增的数字码。代码共分三层。第一层代码，用“a”表示气；第二层代码，表示大气污染物的类别，采用 2 位阿拉伯数字表示，即 01～99；第三层代码为污染物代码，采用 3 位阿拉伯数字表示，即 001～999，每一组阿拉伯数字表示一种污染物或相关指标。第二层及第二层以上代码由上层代码加本层代码组成。

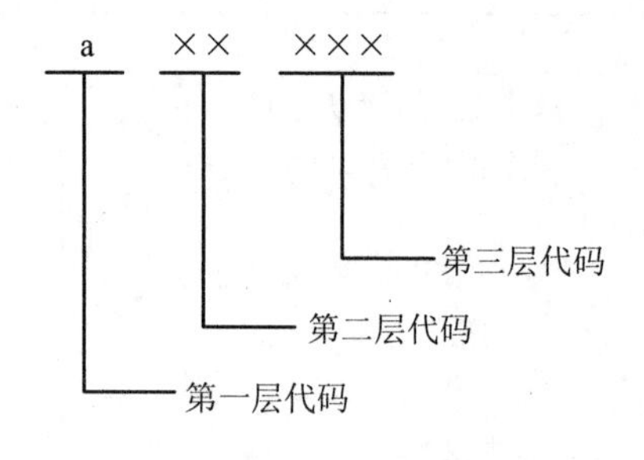

图 4-7 大气污染物代码

（2）水污染物名称代码

《水污染物名称代码》是对环境管理、环境统计、环境监测、环境影响评价、排放污染物申报登记、各类水体环境质量标准、各类水污染物排放标准等涉及的水污染物进行列表、分类，规定的水污染物名称代码。

水污染物名称代码值的格式采用码位固定的字母数字混合格式（图 4-8）。字母代码采用缩写码，用“w”表示水体；数字代码采用阿拉伯数字表示，采用递增的数字码。代码分三层，第一层代码，用“w”表示水体；第二层代码，表示水污染物的类别，类别代码采用 2 位阿拉伯数字表示，即 01～99；第三层代码，表示水污染物在类别中的代码，采用 3 位阿拉伯数字表示，即 001～999，每一组阿拉伯数字表示一种污染物或一个污染指标。第二层及第二层以上代码由上层代码加本层代码组成。

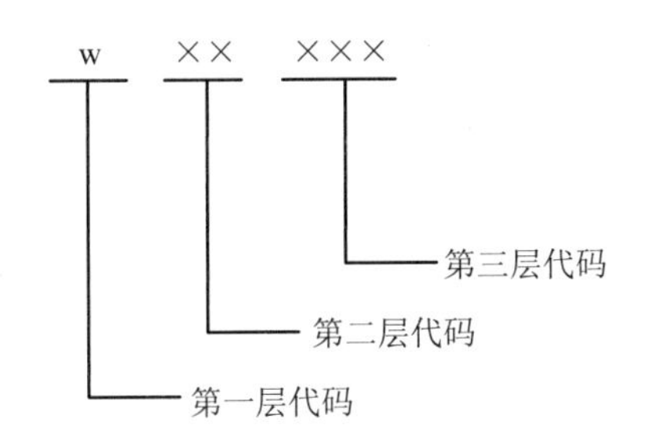

图 4-8　水污染物代码

（3）固体废物名称和类别代码

环保部《国家危险废物名录》中的固体废物是指人类在生产和生活活动中丢弃的固体和泥状的物质称之为固体废物，简称固废。包括从废水、废气分离出来的固体颗粒。固体废物的分类方法有多种，按其组成可分为有机废物和无机废物；按其形态可分为固态废物、半固态废物和液态（气态）废物；按其污染特性可分为危险废物和一般废物等；按其来源可分为矿业的、工业的、城市生活的、农业的和放射性的。

《固体废物名称和类别代码》根据《国家危险废物名录》中的有关术语的规则构成。其中，“废物类别”是按照《控制危险废物越境转移及其处置巴塞尔公约》划定的类别进行的归类。“行业来源”是某种危险废物的产生源。“废物代码”是危险废物的唯一代码，为 8 位数字。其中，第 1～3 位为危险废物产生行业代码，第 4～6 位为废物顺序代码，第 7～8 位为废物类别代码。“危险特性”是指腐蚀性（corrosivity，C）、毒性（toxicity，T）、易燃性（ignitability，I）、反应性（reactivity，R）和感染性（infectivity，In）。

4.5 现有代码规则适用性分析

4.5.1 排污单位代码适用性分析

现有排污单位编码方面，已有国家标准包括《全国组织机构代码编制规则》（GB 11714—1997）、《污染单位编码规则》（HJ 608—2017）、《法人和其他组织统一社会信用代码编码规则》（GB 32100—2015）及修改单。对照火电行业排放源清单编制的需求及原则分析可知：对现有及新建已取得组织机构代码的排污单位而言，采用上述任何一种码均能起到排污单位唯一标识的作用，也可起到与其他业务数据库准确对接的作用。但目前国家推出法人和其他组织统一社会信用代码，法人和其他组织统一社会信用代码是国家强制执行的标准，因此排污单位可以采用法人和其他组织统一社会信用代码作为基本码，同时参考《污染源编码规则（试行）》对同一统一社信用代码排污单位的不同固定污染源进行唯一编码。

4.5.2 生产设施、处理设施及排污口代码适用性分析

目前，针对生产设施、处理设施及排污口，国家及各行业均未发布相关编码规范。一些业务中因实际需要，采用了自定义的编码规则。将这些编码规则直接引入清单编制工作，存在的问题主要有：

①不全面，编码规则不能涵盖所有生产设施、处理设施及排污口。例如污染源普查仅对锅炉、炉窑设置了生产设施编码，环境统计、污染源普查对除尘、脱硫设施设置了处理设施编码。

②不唯一，编码规则不能体现该设施及排口的全国唯一性。

③不规范，英文缩写与拼音缩写混杂使用，行业规范性差。

4.5.3 其他相关编码适用性分析

《环境污染源类别代码》（GB/T 16706—1996）、《大气污染物名称代码》（HJ 524—2009）、《水污染物名称代码》（HJ 525—2009）和《固体废物名称和类别代码》（《国家危险废物名录》）等，规范了环境管理中部分细化信息的编码规则，可在数据库对接时予以充分考虑。

4.5.4　小结

在综合分析现有各类编码适用性的基础上，可以得出结论：从排污单位、生产设施、处理设施到排污口，现有的任何一种编码规则都无法起到国家统管、唯一标识等目的。因此，要建立能整合现有业务数据的清单编制体系，首先应建立一整套完整的固定污染源编码方案。

4.6　基于排污许可“一证式”管理的污染源编码方案

4.6.1　必要性分析

排污许可是世界各国通行的环境管理制度，是企业环境守法的依据、政府环境执法的工具、社会监督护法的平台。生态环境部正建立覆盖所有固定污染源的企业排污许可制。并强调要将排污许可建设成为固定点源环境管理的核心制度，进一步整合衔接现行各项环境管理制度，实行排污许可“一证式”管理，形成系统完整、权责清晰、监管有效的污染源管理新格局，提升环境治理能力和管理水平。

那么实行排污许可“一证式”管理，首先应确保数据标准的一致性。但目前我国污染源管理信息化系统存在的数据标准不统一、编码规则不一致、信息难以交互共享等问题，均有悖于排污许可证制度精细化、信息化管理的实际需求，因此为建立以排污许可为核心的污染源管理制度，就需要重新规范固定源编码标准。

4.6.2　排污许可编码原则

（1）建立“排污单位—生产设施—处理设施—排放口”一体化的编码体系

“排污许可事项”是排污许可证的核心内容，它包括与排污有关的生产设备、污染治理设施以及对应的排污口设置及标识要求等。为实现固定污染源的精细化管理，排污许可除关注排污单位外，还要考虑污染物从产生、处理到排放的全过程的对应关系，排污许可编码方案从整体上应当是包含“排污单位—生产设施—处理设施—排放口”的编码体系。

（2）唯一性原则

应满足“一企一证”的管理要求，即一个排污单位、一个唯一许可证编码；同时，还应实现一个处理设施一个全国唯一编码、一个排污口一个全国唯一编码的原则。

（3）稳定性原则

统一代码一经赋予，在其主体存续期间，主体信息即使发生任何变化，统一代码均保持不变。例如，变更法定代表人、经营范围等，均不改变其统一代码。

（4）考虑与已有编码的衔接问题

必须与现有国家相关编码标准、现行各业务数据库中使用的编码规则等相衔接，才能体现环境管理工作的标准性、科学性和延续性。

4.6.3　排污许可编码体系

根据排污许可编码原则，建立排污许可编码体系框架如图 4-9 所示，除了对负有排污责任的排污单位（污染源）进行编码外，同时还对属于污染源定义范畴的生产/产污设施、污染物处理设施、排污口等进行编码。其中，生产设施为排污单位中直接或间接产生和排放污染物的主要设备、装置，污染物处理设施为排污单位内部建设使用的大气污染物处理设施、工业废水处理设施、生活污水处理设施、畜禽养殖贮存处理设施，排污口编码为排污单位中有组织的废气排放口、废水排放口等。

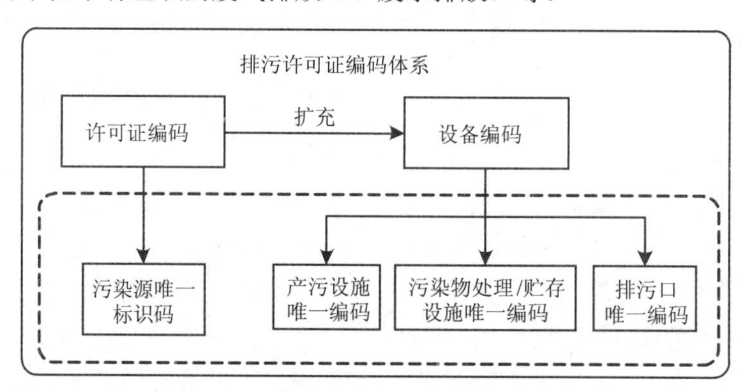

图 4-9　排污许可证编码体系框架

4.7　火电行业排放清单编码规则

4.7.1　火电行业排放清单编码设计原则

（1）考虑与已有编码的衔接问题

排放清单编制是污染源业务数据应用的方式之一，因此为保障清单数据的持续有效更新，就要求排放清单中的污染源编码与现有污染源业务数据库中的编码规则保持一致。

（2）稳定性原则

在污染源存续期间，主体信息即使发生任何变化，清单代码均保持不变。

（3）体现排放清单关注信息

除了唯一标识功能外，考虑增加部分清单编制关注信息。例如经纬度、处理设施类别等。

4.7.2 火电行业排放清单编码方案

火电行业排放清单编码总体上可分为两部分，第一部分是唯一标识部分，主要起到唯一标识污染源责任主体、唯一标识生产设施、唯一标识处理设施、唯一标识排放口的作用。第二部分是扩展编码，主要满足清单关注的其他信息。

参考已发布的清单编制指南，火电行业活动水平调查数据出自行业调查数据外，业务数据主要来自于环境统计、污染源普查、CEMS 及环评清单数据等。未来基于排污许可的一证式管理制度实施后，活动水平的调查数据则可能主要来源于排污许可。因此，为了保障清单数据的持续有效更新，体现和现有业务数据及排污许可的有效对接，火电行业排放清单编码唯一标识部分编码方案与排污许可编码方案保持一致。

火电行业清单编码扩展部分编码规则，可从污染源责任主体、生产设施、污染治理、排放口等方面分别予以拓展。

（1）企业基本信息扩展编码

对组织机构代码库信息及围绕工业污染源的六类数据中企业基本信息进行梳理，统计汇总情况见表 4-6。

表 4-6 现有污染源管理数据中工业企业基本信息汇总

信息名称	总量减排核查核算表	污染源普查重点调查单位调查表	排放污染物申报登记统计表	环境统计报表	排污许可证申报表	在线监测信息	组织机构代码库
组织机构代码（单位代码/法人代码）	√	√	√	√	√		√
企业标识码（数字地址码+顺序码）						√	
单位名称	√	√	√	√	√	√	√

信息名称		总量减排核查核算表	污染源普查重点调查单位调查表	排放污染物申报登记统计表	环境统计报表	排污许可证申报表	在线监测信息	组织机构代码库
单位曾用名		√						
法定代表人		√	√		√	√		
法定代表人证件号码								√
注册地址						√		
注册日期								√
工商执照编号						√		√
经营范围								√
单位所在地详细地址	行政区划代码	√	√		√		√	√
	省（自治区、直辖市）	√	√	√	√	√	√	√
	地区（市、州、盟）	√	√	√	√	√	√	√
	县（区、市、旗）	√	√		√	√	√	√
	乡（镇）	√	√		√	√	√	√
	街（村）、门牌号	√	√		√	√	√	√
企业地理位置（中心经纬度）		√	√	√	√	√		
联系方式	区号		√					
	电话号码	√	√		√	√		√
	传真号码	√	√		√	√		
	邮政编码	√	√		√	√		√
	联系人	√	√		√	√		
	电子邮件				√	√		
	通讯地址				√			
单位类别					√		√	√
登记注册类型		√	√		√			
经济类型								√
隶属关系					√			
企业规模		√	√		√	√	√	
所属集团公司		√						
主管机构名称								√
行业类别	行业名称	√	√	√	√	√	√	√
	行业代码	√	√		√			
开业时间		√	√		√		√	
所在流域	流域名称	√						
	流域代码	√						
排水去向类型		√						
排入的污水处理厂	污水处理厂名称	√						
	污水处理厂代码	√						

信息名称		总量减排核查核算表	污染源普查重点调查单位调查表	排放污染物申报登记统计表	环境统计报表	排污许可证申报表	在线监测信息	组织机构代码库
受纳水体	受纳水体名称	√						
	受纳水体代码	√						
最近改扩建时间			√					
年生产时间			√					
工业总产值			√					
是否重点污染源（国家级/市级/地市级）					√	√		
排污申报种类						√		
是否存在危险源						√		
所属环保机构							√	

由表 4-6 可知，围绕污染源管理的几类业务中所填报的企业基本信息有交集，但又不完全相同。综合考虑信息的可变性、重要性、关注程度等，认为可以将单位名称、法定代表人、法定代表人身份证号码、单位所在地详细地址（行政区划代码、省、地区、县、乡、街）、企业地理位置（正门经纬度）、联系方式（联系人、联系电话、电子邮件、通讯地址）、登记注册类型、是否重点污染源等信息放入编码中。受制于信息容量的问题，一些信息量较大的数据项可以简易代码形式存储，以代码作为索引与中心数据库中的信息相对应。

（2）生产设施信息扩展编码

生产设施也叫产污设备，即排污单位中直接或间接产生和排放污染物的主要设备、装置，如：锅炉、工业炉窑等。火力发电行业，主要指行业代码为 4411 的所有在役火电厂、热电联产企业及工业企业的自备电厂等。火力发电行业主要产污设备为锅炉，对于发电锅炉，环境管理主要关注的信息有：额定蒸发量、额定蒸汽压力、燃料类型、锅炉装机容量、热电比、锅炉投产时间、年发电量、年供热量、燃料年消耗量、燃料平均含硫量等。去除燃料年消耗量、燃料平均含硫量等变化性较大的信息后，分析认为火力发电行业产污设备主要编码信息可以包括：额定蒸发量、额定蒸汽压力、燃料类型、锅炉装机容量、热电比、锅炉投产时间 6 项信息。

（3）污染物处理设施信息扩展编码

治污设备主要是指排污单位内部建设使用的大气污染物处理设施、废水处理设施、固体废物贮存处理设施等。我国环境管理部门目前监管的大气污染物治理设备主要有除尘设备、脱硫设备、脱硝设备、除臭设备等。关注的设备信息主要有：工艺名称、处理能力、处理效率、投产时间等。其中脱硫、脱硝、除尘工艺方法的代码可参照《“十二五”环境统计报表制度》附件二中“指标解释”等相关内容。

（4）排放口信息扩展编码

排放口主要是指排污单位中有组织的废气排放口。对于废气排放口，关注的信息主要有排气筒坐标、高度、内径等。

第 5 章

全国火电排放清单时空分配方法

目前，已编制的火电排放源清单缺少企业在线监测等数据，一般假设污染源排放连续不变，或者根据短期抽样监测的部分点源排放时间规律作为该类源的时间廓线，由于监测时间短，且样本点源少，造成点源时间廓线不具代表性，而实际上火电污染源排放是实时动态变化的，特别是热电厂排放量等随时间变化很大，大气污染模拟研究需要排放源的季、月、周、日变化时间廓线。

已编制的排放清单中火电企业烟囱坐标获取方式主要来源于企业报表、行政区域代码等，造成坐标分辨率低，无法满足城市级别火电大气污染控制需要。因此亟须引入地址坐标识别技术以及多源卫星遥感数据资源，建立火电企业空间定位方法，以提高排放清单的空间坐标分辨率。

针对上述关键问题，本章以全国电力企业在线监测排放数据（CEMS）、遥感影像等为基础，建立了中国电力企业空间信息提取方法以及电力排放时间谱，提高排放清单的空间和时间分辨率，满足我国空气质量模型研究对电力企业的空间坐标、排放时间变化等需要。

5.1 背景空间分配方法

5.1.1 火电企业空间信息提取技术

5.1.1.1 技术路线

火电企业空间信息提取的思路是：在完成影像准备的基础上，开展基准年火电企业定位普查，以此为本底，进行多年多期影像变化检测，提取已有建设项目变化信息，以及新建项目空间信息，形成定位普查成果。具体技术路线如下所述。

（1）遥感影像准备

准备基准年项目区可见光遥感影像，并进行多年多时相遥感影像的数据获取和综合处理，得到满足项目需求的遥感影像。

（2）基准年火电企业定位普查

对基准年项目区可见光遥感影像进行判读解译，形成主要城市火电厂定位普查矢量成果。

（3）多期影像变化检测

对多期遥感影像进行变化检测，提取变化区域。

（4）遥感影像判读解译

以基准年定位普查成果为依据，对变化区域进行判读解译分析，确定已有建设项目的变化区域和新建火电企业。

（5）属性量测计算

对于已有建设项目的变化区域，提取主要设施及排污设施变化区域的属性信息（设施数量、直径、长、宽、高等）；对于新建火电企业，提取已建成的主要设施及排污设施的属性信息（设施数量、直径、长、宽、高等）。

（6）成果核查

根据项目要求通过实地核查、专家判定等方式对空间信息提取成果进行抽样核查，检验其准确性，以指导方法改进。

（7）成果整理输出、技术报告撰写、专题图制作

根据项目要求对核查后的成果进行整理输出，撰写技术报告，制作成果专题图。

5.1.1.2 关键技术

5.1.1.2.1 可见光遥感影像综合处理技术

（1）技术流程

遥感影像综合处理的目的是对指定区域遥感影像进行一系列处理以使其满足应用的需要，具体包括目标点坐标确认、坐标点入库、目标点位规划、需求计划落实、卫星数据接收及预处理、可见光影像自动云判、大区域影像筛选与覆盖分析、辐射校正处理、几何校正处理、区域匀光镶嵌等，见图 5-1。

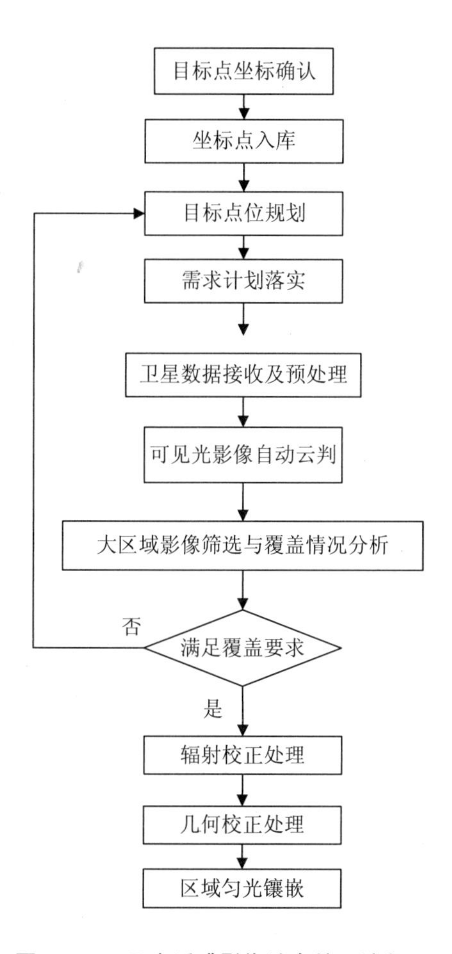

图 5-1　可见光遥感影像综合处理流程

（2）可见光影像自动云判技术

可见光遥感因云的影响而会出现大量的无效数据，给海量数据筛选工作带来较大影响，因此，在获取可见光遥感影像后，需要对其进行自动云量判别，并标记每景影像的云覆盖量，以区分高价值数据和低价值数据，从而大大提高大区域影像筛选与覆盖分析的工作效率。

自动云判既要求能够准确定位云图区域，又要求算法复杂度适中以满足实时性要求。由于待处理的遥感影像为可见光影像，云检测算法只能利用影像的灰度信息，而地物的复杂性又使常规的灰度、频率特征检测算法非常不稳健，从而使云图特征的提取与选择以及分类器的设计成为自动云判的关键点和难点。在云判算法中，分类器的作用是在给定测试样本特征矢量的基础上，对影像做出“是云”或“非云”的判决。分类器设计的合理性一方面关系到云判算法的准确度，另一方面由于分类器的训练具有较高的时间复杂度，从而给云判的实时性带来较大影响。

为解决上述问题，考虑到算法的鲁棒性和实时性的要求，采用基于多特征的子图分类算法，选择灰度均值、方差、熵等特征进行云的判定。该算法包括训练和识别两个模块。

①训练模块。包含特征选择和分类器设计两项内容。训练过程如下：

a. 收集图像样本数据；

b. 将图像样本数据按照 64×64 的分块子图进行采样，并给出云与非云的人工判读结果；

c. 对每一个小块进行特征提取，形成特征矢量；

d. 将提取的特征矢量和人工判读结果，按照迭代自组织（ISODATA）聚类法进行分类训练，获得识别参数；

e. 利用识别参数建立分类器。

算法流程如图 5-2 所示。

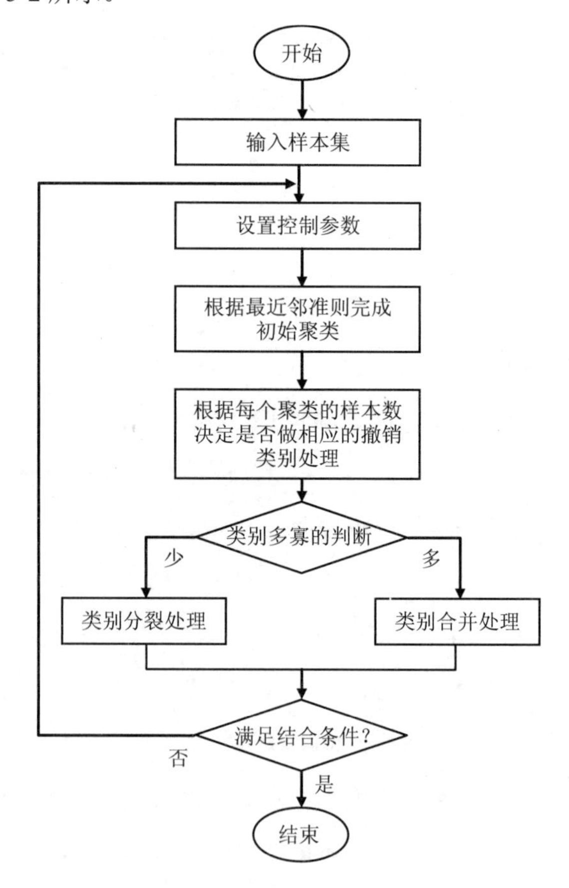

图 5-2　ISODATA 算法流程

②识别模块。利用训练模块生成的特征中心矢量对输入的图像分块后进行判断，得出各小块云或非云的判别结果。其算法流程如图 5-3 所示。

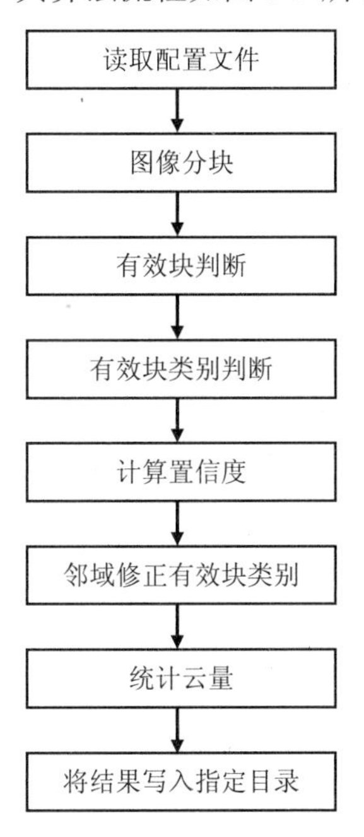

图 5-3　识别模块算法流程

（3）大区域影像筛选与覆盖分析技术

高质量的遥感影像是项目顺利实施的重要基础。如何从海量数据中快速筛选出质量好、覆盖全的遥感影像，为项目后续任务实施提供保障，就显得尤为重要。

通过数据浏览查询系统设定任务区域地理范围、卫星型号、载荷类型、成像时间、云量等条件，对任务区域遥感影像进行组合查询，剔除存在云多、CCD 拼接错位、曝光过度或不饱和等严重质量问题的影像，筛选满足任务需求的遥感影像，并对其进行覆盖分析，若未覆盖任务区域，则下达新的拍摄计划获取新数据，直到满足覆盖需求为止。

影像查询界面如图 5-4 所示，条件主要包括：拍摄时间、地理范围、云量、传感器类型、侧摆角等。在进行数据筛选和覆盖分析时，遵循无缝覆盖、数量最小、影像最新等原则。

①满足无缝覆盖原则。进行查询结果的覆盖浏览显示，分析影像对监测区域的覆盖情况，确保无缝覆盖。

②满足最小化处理原则。对于单景不能覆盖的大范围区域，优先选取最小景数即能覆盖的原则，减少因多景影像拼接带来的各种问题。

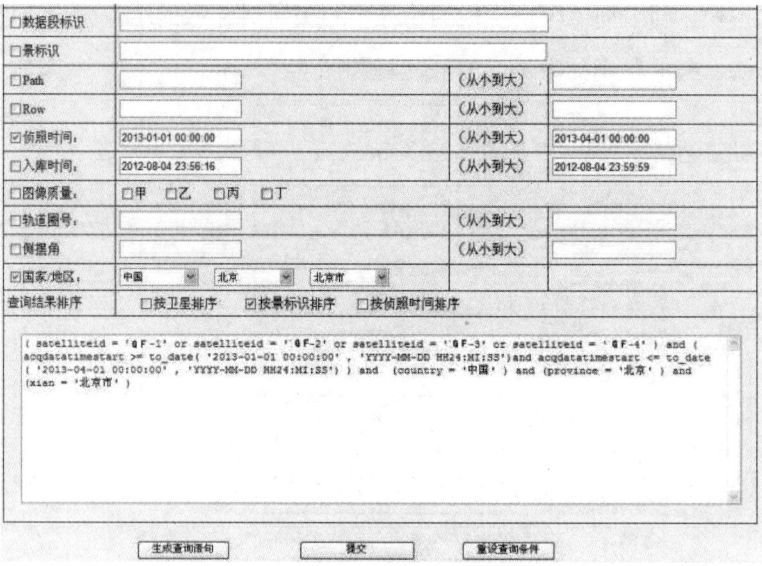

图 5-4　组合查询界面

③新时相影像最新原则。对于新时相影像的筛选，若有多个时相的影像满足要求，则优选时间最新的影像，确保监测成果反映目前最新状态。

（4）可见光影像辐射校正技术

成像过程中因受到传感器制造、传感器芯片热噪声、成像天气条件、地物所处的地形和太阳的照射条件等多种因素的影响而导致影像存在辐射亮度失真的问题，为消除这些辐射亮度失真，使影像能真实反映地物的反射或辐射能力，获得良好的视觉效果，需要对其进行辐射校正处理。

可见光影像辐射校正处理包括暗像元去除、死像元处理、丢行处理、辐射校正、失真像元复原、CCD 条带拼接处理等。具体的处理流程如图 5-5 所示。

①暗像元去除。暗像元作为无效像元，可以采取直接去除的办法将其从影像上切掉，处理流程相对简单。首先从影像基本信息结构体中获取每个 CCD 所成影像的左、右无效像元宽度，然后根据该宽度直接对其进行去除处理，得到去除无效像元后的影像。

②死像元处理。成像过程中由于传感器性能及其他原因导致影像上会出现死像元。死像元为不能反映地物辐射特性的像元，必须对其进行处理。对死像元的处理就是要消除影像中的死像元列。为了保持影像在几何上的连续性，不能把这些死像元列直接去除，而应该用周围点对其进行内插替代的方法。具体处理方法是用左、右两个像元点的平均值来代替，即

$$C_{i,j}=(C_{i,j+1}+C_{i,j-1})/2$$

式中：$C_{i,j}$ —— 死像元处理后的值；

i —— 死像元点所在的行；

j —— 死像元点所在的列；

$C_{i,j+1}$、$C_{i,j-1}$ —— 死像元左、右两个像元点的亮度值。

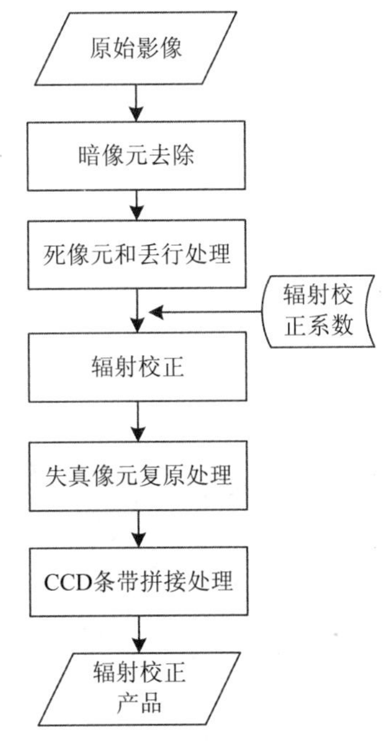

图 5-5　可见光影像辐射校正处理流程

③丢行处理。传感器扫描成像过程中，可能出现某一行（或几行）灰度异常，即丢行现象，其表现和死像元现象相似，只是死像元成列状分布，而丢行现象成横向分布。类似地，采用上、下像元点亮度值对其进行内插替代。

④辐射校正。可见光影像辐射校正采用的是相对辐射校正。相对辐射校正包括定标系数获取和辐射校正计算两个步骤。

定标系数获取按阶段可分为实验室定标、星上定标和在轨场地定标。卫星发射前的辐射定标是在实验室用传感器观测辐射亮度值已知的标准辐射源（如积分球）来获得定标系数。卫星发射后传感器性能受各种因素影响会产生衰减，在卫星运行过程中可进行星上定标，其方法是将传感器内部设置的电光源有关数据测量后下传到地面，采用拟合方法求取定标系数。在实验室定标和星上定标不可用或精度不高时，则可通过在轨场地定标或实际图像统计法来获取定标系数。获取定标系数后，利用其增益和偏置对影像进行辐射校正计算，生成校正后影像。

⑤失真像元复原处理。高分辨率光学相机由多个 CCD 阵列成像，由于传感器性能及其他原因，在重叠区域及其附近区域内，会有部分像元出现失真现象，不能真实反映地物反射特性，需要对其进行复原处理。由于所处位置不同像元失真程度可能不同，有的失真较大，有的失真较小。如果所有失真像元采用相同的方法处理，则处理结果可能会出现同一地物亮度反差很大的情况。因此，不同位置的失真像元应采用不同的处理方法，使影像的亮度差异均匀过渡。此外，针对 TDICCD 延迟积分方式成像的特点，处理中不仅要考虑亮度在单片 CCD 影像内的均匀过渡，还要考虑相邻 CCD 影像亮度的均匀过渡，使影像具有好的接边效果。

⑥CCD 条带拼接。针对多个 CCD 阵列成像，需要完成 CCD 条带拼接，形成整景图像（图 5-6）。

（a）处理后

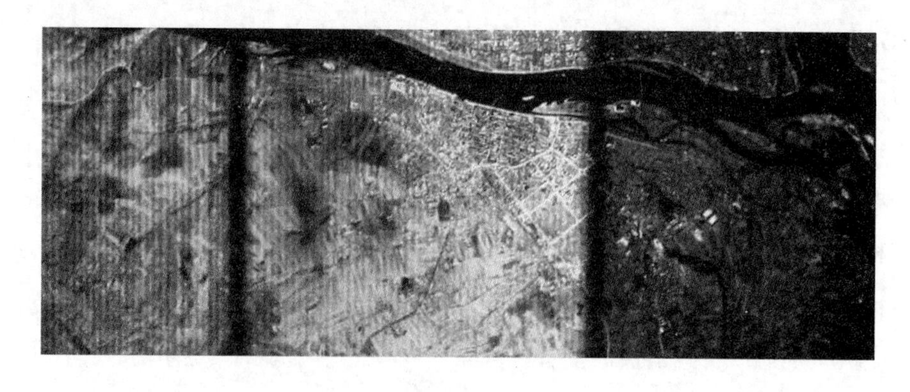

（b）处理前

图 5-6 可见光影像辐射校正效果示意图

（5）可见光影像几何校正技术

成像过程中由于传感器、卫星姿态、地球曲率等因素造成影像出现线性或非线性的几何畸变，为消除这些畸变，需要对其进行几何校正处理，同时定量确定影像像元坐标与对应地物实际地理坐标之间的关系，将影像从二维的传感器平面坐标转换到用户要求的地理空间参考系下，使影像具有统一地理基准，方便后续应用。几何校正包括系统几何校正、几何精校正、正射校正等，不同的校正方法可获得不同定位精度的影像，具体需要根据用户需求选择使用其中的某一种校正方法。几何校正的流程如图 5-7 所示。

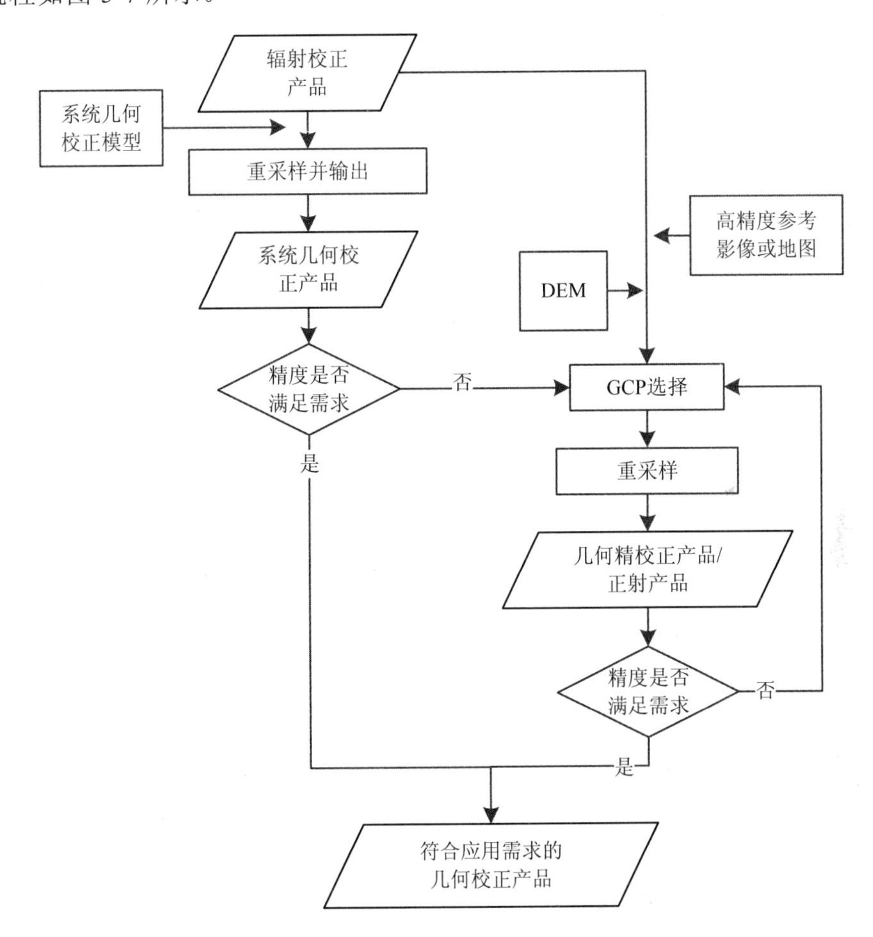

图 5-7　几何校正处理流程

①系统几何校正。系统几何校正是应用卫星影像构象模型改正由于卫星姿态变化、传感器抖动、地球自转、地球曲率等因素引起的遥感影像系统几何变形，并进行地理编码，将影像投影到地图平面上。其方法是根据卫星平台参数和传感器参数建立卫星影像

的物理构象模型，再通过模型的正反变换函数对影像进行处理和重采样输出，得到系统几何校正产品。检查系统几何校正产品精度是否满足应用需求，若满足则流程结束；若不满足则需要对其进行几何精校正或正射校正。

②几何精校正和正射校正。由于受平台技术水平限制，系统几何校正的定位精度往往满足不了应用需求。为提高定位精度，需要引入地面控制点对遥感影像进行几何精校正或者正射校正处理。地面控制点的获取可通过在参考影像或地图上人工选取、控制点库匹配、参考影像自动匹配等方式实现。如果具有任务区域的 DEM，可以引入 DEM 以修正地形起伏引起的几何误差。为提高影像的整体定位精度，本研究还引入区域网平差算法进行系统误差修正，利用区域范围内不同轨道的影像数据自身之间的约束关系，实现区域范围内整体定位精度的提高。

（6）区域匀光镶嵌技术

本项目任务区域大，需要多次拍摄才能完成区域全覆盖。不同时相拍摄的遥感影像质量往往不同，存在色调的不一致性。为使区域镶嵌影像色调均匀、视觉效果好，需要对区域影像进行匀光镶嵌处理（图 5-8）。

（a）镶嵌前

（b）镶嵌后

图 5-8　区域匀光镶嵌效果示意图

区域影像匀光镶嵌的难点是拼接缝的消除。影像的拼接缝可以分为几何拼接缝和色差拼接缝，前者是因为影像几何校正的误差所导致，后者则源于影像拍摄环境差异。基于几何校正影像的镶嵌首先需要针对所有待镶嵌影像进行同步的色调调整，尽可能避免影像之间存在明显的色差；其次，在影像重叠区域选择合理的缝合线，为避免色差，缝合线的选取要尽可能符合局部地理特征；最后选择合理的标准图幅、科学确定影像镶嵌顺序，完成整体匀光镶嵌。

5.1.1.2.2　遥感影像变化检测技术

遥感影像变化检测是基于遥感影像提取已有建设项目变化信息和新建项目信息的关键环节。遥感影像变化检测是以两幅不同时相（变化前和变化后）的遥感影像作为数据源，以人机交互或计算机自动检测方式实现变化区域的提取。由于目前计算机自动检测算法的适应性不强，准确率不稳定，因此，本项目变化检测采取人机交互的方式实现，以确保变化信息提取的准确性。

人机交互变化检测是借助遥感和地理信息系统专业处理软件的影像浏览（缩放、平移）、矢量编辑、属性自动计算等强大功能，在计算机上对变化前、变化后两期影像进行人工浏览与对比分析，判读其变化区域并进行变化图斑勾绘、属性编辑与确认等操作，得到变化检测结果，其流程如图 5-9 所示。

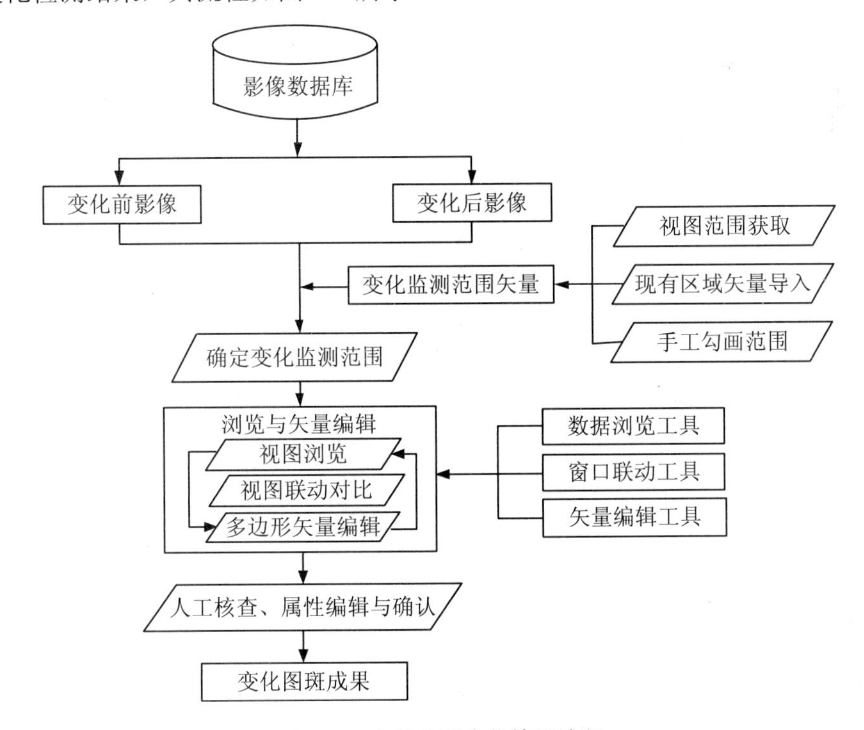

图 5-9　人机交互变化检测流程

5.1.1.2.3 遥感影像判读解译技术

（1）技术流程

遥感影像判读解译是遥感应用的基础。遥感影像判读解译，就是要通过遥感影像上所反映的地面物体的各种现象即识别特征来识别目标。遥感影像客观地记录了成像瞬间地面物体的真实情况。要正确地运用目标的识别特征来识别目标，除了需要具备广博的知识和一定的实践经验以外，还必须掌握正确的指导思想，运用正确的思维方法对目标识别特征进行分析、推理和判断，揭示其本质，才能取得准确的判读结果。形状、大小、色调/色彩、阴影、位置、活动是可见光遥感影像判读解译的六大识别特征。判读解译时，不仅要善于抓住目标的主要识别特征，而且要全面、综合分析各种识别特征，有比较地鉴别，从实际情况出发，具体问题具体分析，才能得出正确的结论。

建设项目遥感影像判读解译的技术流程为：通过广泛搜集建设项目相关资料，包括国家建设标准及规定、项目及设施用地指标要求等，研究掌握其建设过程、设施组成与空间布局等。在此基础上，分析研究建设项目的多源遥感影像特征，包括形状、大小、色调/色彩、阴影、位置、活动等，建立遥感解译标志，据此进行遥感影像判读解译。

（2）火电企业遥感解译方法

火电厂通常是指火力发电厂，利用煤、油等燃烧，使锅炉中的水变成高压蒸汽，然后再经管道将其引到汽轮机，带动发电机发电。目前我国火力发电厂大多以煤为燃料，主要由燃料场、主厂房（包括锅炉间和汽机间）、变电所、供水设备等几个部分组成，如图 5-10 所示。

图 5-10 火电厂遥感影像

①燃料场。如图 5-11 所示，燃料场是贮存燃料并向锅炉输送燃料的地方，位于发电厂的边缘，靠近主厂房的锅炉间，有铁路专用线或输煤皮带走廊栈桥与外界相通。燃料场占地面积较大，反映在卫星影像上呈黑色，有时还能看到起重机或其他装卸设备。有些火力发电厂为了防止煤被风蚀雨淋，在燃料场上方搭建一些防雨棚，棚顶形式不一，反映在图像上呈深灰色或黑色。还有些燃料场被建成室内贮煤仓，多为直径在百米以上的圆拱形罐，或直径在 20 m 左右、高在 50 m 以上的圆柱形竖罐，由多个组成。圆拱形贮煤仓反映在影像上呈白色或浅灰色圆包；圆柱形竖罐贮煤仓比较高，可以看到侧面影像，阴影明显，在罐顶设有长条形进煤室，呈灰色。靠近锅炉间的一侧，设有碎煤间，它是一个独立的多层建筑物，反映在卫星影像上呈灰色小方块状。当燃料采用铁路运煤时，在燃料场中部或一侧设有卸煤站，是一个长约百米的带棚盖建筑物，反映在卫星影像上呈浅灰色长条形。用油作为燃料的火力发电厂，其燃料场的特征则完全不同，它没有庞大的储煤设施，取而代之的是数个油罐或油库，占地面积较小。

图 5-11　燃料场遥感影像

②主厂房。如图 5-12 所示，主厂房是火电厂最主要的生产车间，是由锅炉间、汽机间、除氧间、贮煤仓间等部分组成的一个大型建筑物，一般位于全厂中央部位，反映在卫星影像上呈浅灰色长方形，靠近燃料场一侧有高大的烟囱，影像特征明显，是识别主厂房的重要依据之一。主厂房两侧分别配置燃料场和变电所，其主体建筑由高低不同的三部分组成，高的部分是锅炉间，一侧与燃料场相邻；低的部分是汽机间，一侧与变

电所相邻；在锅炉间与汽机间之间或锅炉间外侧一般还建有贮煤仓间和除氧间，使主厂房形成高低不平的三部分。有些火力发电厂采用半封闭式建筑，使锅炉间和汽机间等部分露天设置，反映在卫星影像上，一般显得比较杂乱，一座座锅炉呈现为黑色或灰色方块状，汽轮机和发电机连在一起，呈排列整齐的点状。

图 5-12　主厂房遥感影像

③变电所。如图 5-13 所示，变电所是改变电压和输送电力的场所，一般位于主厂房汽轮发电机间的一侧，各种设施多采用露天配置，也有的配置在大型建筑物内。反映在卫星影像上，露天配置的变电所可发现成排的变压器和控制设备的影像及四周轮廓；室内配置时，建筑物为房屋式，呈灰色长方形，四周设有避雷针。此外，在大中型火力发电厂中，变电所与主厂房之间通常还设有一座用以操纵变电、输电的主控制室，一般比较低矮，反映在影像上呈灰色的长方形。

④供水设备。火力发电厂的供水方式有直流供水和循环供水两种。

直流供水大多使用在水源充足的地区，由水源直接吸取冷却水，用过后再排回到水源。它的设备比较简单，通常由两条渠道组成，一条为进水渠道，另一条为排水渠道。两种的主要区别是：前者位于上游，在引水口一端设有泵房，引水口前面设有护栏；后者位于下游，没有泵房，水面上常呈现浅灰色或白色浑浊状。

循环供水大多用在缺水地区或水质较差的地方。它是将用过的冷却水在专设的冷却设备中冷却，然后再次使用，目前常用的冷却设备主要有冷却塔、冷水池和喷水池三种。冷却塔形状特殊，影像明显，通常若干个为一组集中配置。圆柱形冷却塔是一个上口直径小、底部直径大的侧面形状呈抛物线形的建筑物；多边形冷却塔侧面形状为上小下大的梯形建筑。如图 5-14 所示，冷却塔工作时，常能看到顶部冒出大量白色蒸汽，反映在影像上特征明显。当采用喷淋冷却池时，水池呈方形或长方形，喷水管反映在卫星影像上呈细线状。冷水池和喷水池工作时，池面呈现为一片白色雾状。

图 5-13　变电所遥感影像

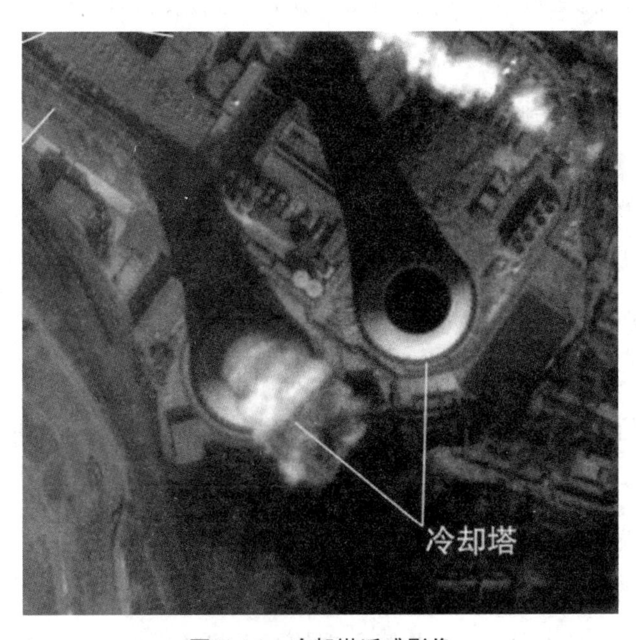

图 5-14　冷却塔遥感影像

5.1.1.2.4 基于单幅影像的阴影测高技术

利用遥感影像提取建筑物高度的方法主要有基于单幅影像的提取方法、基于遥感立体像对的提取方法、基于多视遥感影像或影像序列的提取方法。本项目采用基于单幅影像的阴影测高来提取建筑物高度。

建筑物高度与阴影长度之间存在如下关系：

$$H=\frac{L_{ps}}{\sqrt{\frac{1}{\tan^2\lambda'}+\frac{1}{\tan^2\lambda}-\frac{2\cos(\alpha-\alpha')}{\tan\lambda'\cdot\tan\lambda}}}$$

式中：H—— 建筑物高度；

L_{ps}—— 阴影长度；

λ'、λ—— 太阳高度角、传感器高度角；

α'、α—— 太阳方位角、传感器方位角。

通过以下步骤实现建筑物高度的提取：

①检测建筑物顶点；

②根据太阳高度角和方位角等信息的先验约束检测当前建筑物顶点对应的阴影顶点；

③利用图像地面采样距离等信息计算阴影顶点到建筑物顶点的距离 L_{ps}；

④利用式（5-1）计算建筑物高度。

5.1.1.2.5 智能定位导航辅助外业核查分析技术

遥感影像判读解译分析的主观性给解译结果带来了一定的不确定性，与影像分辨率、判读员的知识与经验等有关。为验证内业判读解译分析结果是否正确，需要根据要求进行外业实地核查。针对陌生的外业环境，工作人员可利用核查终端系统，凭借 GPS 强大的智能定位导航功能，再结合遥感影像以及地理信息系统的空间分析等功能开展外业核查，能够大大降低外业核查的难度，提高作业效率。核查终端系统具有图斑的智能定位导航、核查信息采集、现场拍照等功能，可实现智能定位导航辅助外业核查分析。系统部分界面如图 5-15 所示。

借助核查终端系统进行外业核查，可以大大提高外业核查的工作效率，具体方法是：将需要核查的图斑矢量文件、卫星影像和地图信息导入核查终端系统，核查人员利用核查终端系统，自动规划当前位置到图斑位置的行进路径，指引核查人员方便、及时到达待核查图斑现场。到达现场后，核查人员进行现场信息采集、对比分析、现场拍照，最后内业完成外业核查信息的整理输出（图 5-16）。

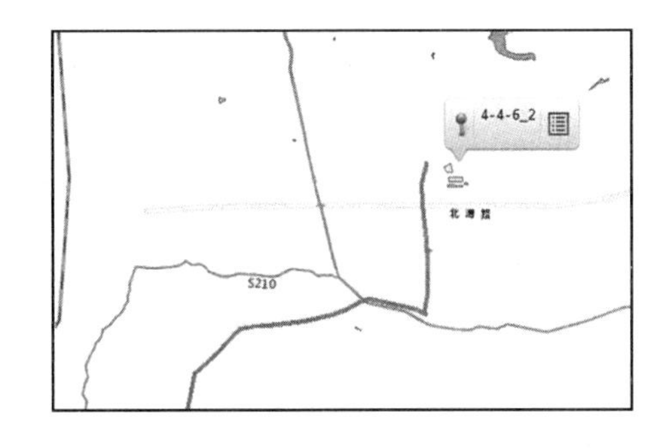

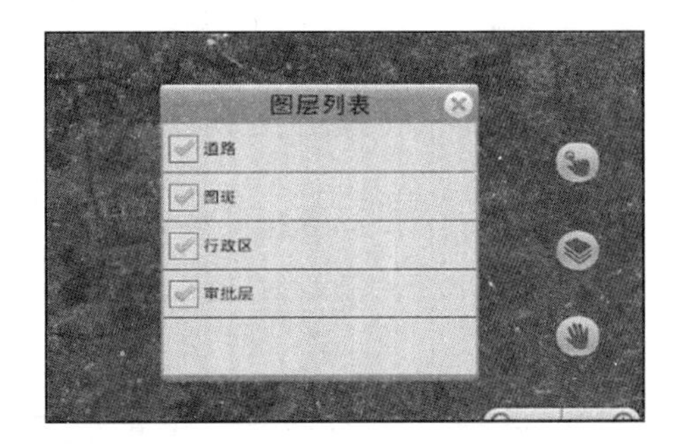

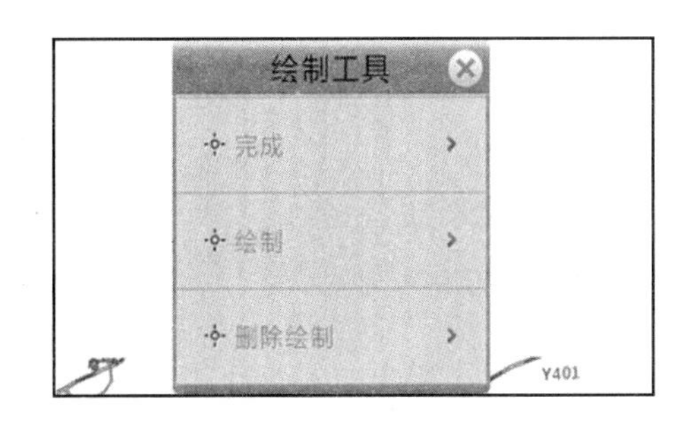

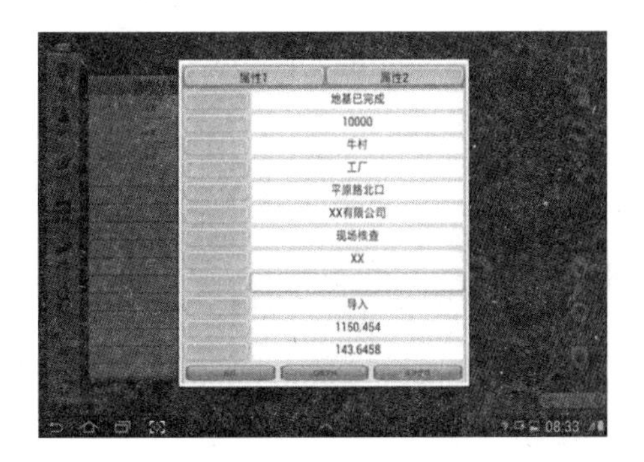

图 5-15 核查终端系统部分功能界面

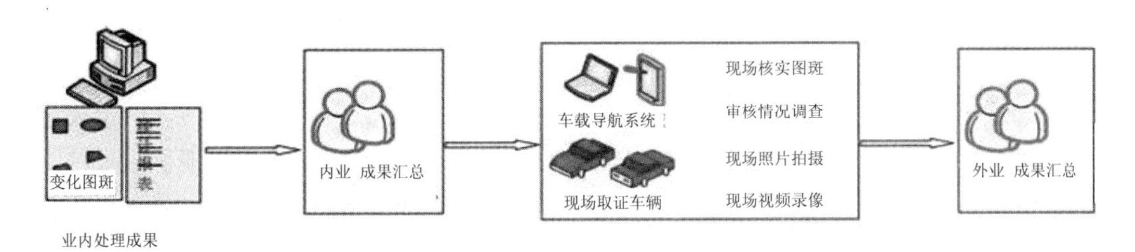

图 5-16 外业核查流程

5.1.2 火电企业生产状态检测技术

5.1.2.1 技术路线

基于遥感技术的火电企业生产状态定期检测研究的思路是：在完成项目区热红外遥感影像准备的基础上，以基准年定位普查成果为依据，结合可见光及其他遥感影像，综合分析判定火电企业的生产状态。具体技术路线如下所述。

（1）遥感影像准备

根据要求对项目区进行一年两次的新时相热红外遥感影像的拍摄获取和综合处理，得到满足项目需求的遥感影像。

（2）热红外影像增强处理

以基础年火电企业定位普查成果为依据，进行局部色阶、对比度、亮度调整和伪彩色显示等增强处理。

（3）企业生产状态综合判定

分析企业主要设施的热辐射/温度特征，以及可见光遥感影像反映出的外观特征，结合成像时间、目标类型、目标材质、目标热特性及其他经验知识，对企业生产状态进行综合判定，得到企业生产状态信息。

（4）成果核查

根据项目要求通过实地核查、专家判定等方式对企业生产状态定期检测成果进行抽样核查，检验其准确性，以指导方法改进。

（5）成果整理输出、技术报告撰写、专题图制作

根据项目要求对核查后的成果进行整理输出，撰写技术报告，制作成果专题图。

5.1.2.2 关键技术

5.1.2.2.1 热红外遥感影像综合处理技术

（1）技术流程

热红外遥感影像综合处理的目的与可见光遥感影像综合处理的目的相同，都是对区域遥感影像进行一系列处理以使其满足应用的需要，区别在于热红外遥感影像在噪声去除、辐射校正和温度反演等方面的处理与可见光影像不同。具体包括目标点坐标确认、坐标点入库、目标点位规划、需求计划落实、卫星数据接收及预处理、大区域影像筛选与覆盖分析、辐射校正处理及温度反演、几何校正处理等（图 5-17）。

（2）大区域影像筛选与覆盖分析技术

本研究可启动数据浏览查询系统（图 5-18），通过设定任务区域地理范围、卫星型号、载荷类型、成像时间、云量等条件，对任务区域遥感影像进行组合查询，剔除存在严重质量问题的影像，筛选满足任务需求的遥感影像，并对其进行覆盖分析，若未覆盖任务区域，则下达新的拍摄计划获取新数据，直到满足覆盖需求为止。

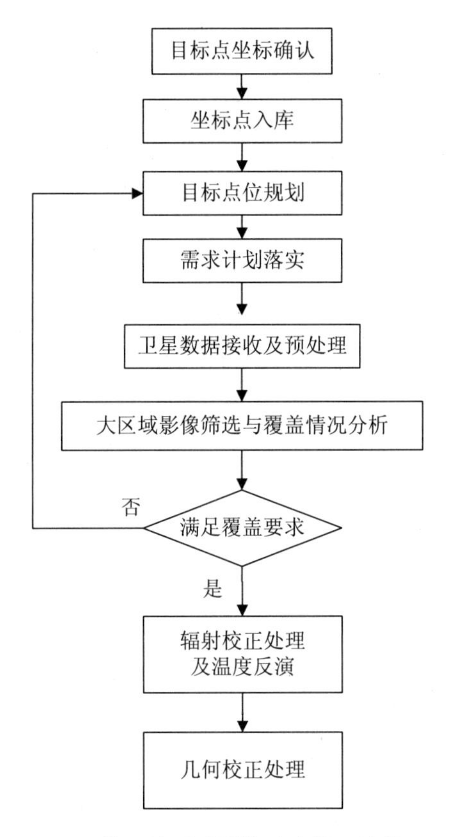

图 5-17　热红外遥感影像综合处理流程

□数据段标识			
□景标识			
□Path		（从小到大）	
□Row		（从小到大）	
☑侦照时间：	2013-01-01 00:00:00	（从小到大）	2013-04-01 00:00:00
□入库时间：	2012-08-04 23:56:16	（从小到大）	2012-08-04 23:59:59
□图像质量：	□甲　□乙　□丙　□丁		
□轨道圈号：		（从小到大）	
□侧摆角		（从小到大）	
☑国家/地区：	中国　北京　北京市		
查询结果排序	□按卫星排序　☑按景标识排序　□按侦照时间排序		

```
( satelliteid = 'GF-1' or satelliteid = 'GF-2' or satelliteid = 'GF-3' or satelliteid = 'GF-4' ) and ( acqdatatimestart >= to_date( '2013-01-01 00:00:00' , 'YYYY-MM-DD HH24:MI:SS')and acqdatatimestart <= to_date ( '2013-04-01 00:00:00' , 'YYYY-MM-DD HH24:MI:SS') ) and (country = '中国' ) and (province = '北京' ) and (xian = '北京市' )
```

生成查询语句　提交　重设查询条件

图 5-18　组合查询界面

5.1.2.2.2　热红外影像辐射校正与温度反演技术

根据红外相机成像特点，红外辐射校正需要先进行坏像元及坏行处理，消除由于探元响应不一致引起的条带效应以及扫描时引起的像元尺寸不一致现象，再根据绝对定标系数完成绝对辐射校正处理，最后通过温度反演模型定量反演得到地表温度信息。

（1）相对辐射校正处理

相对辐射校正处理的目的是校正探元间光电响应的不一致性，从而消除由于探元响应差异引起的系统条带噪声。由于大部分红外探元的光电响应线性度良好，因此在轨相对辐射定标大多利用两点法进行定标系数的获取，然后对红外图像进行实时定标处理，其计算所需的数据有暗电流反射率值、低温黑体反射率值、高温黑体反射率值，处理的流程如图 5-19 所示。

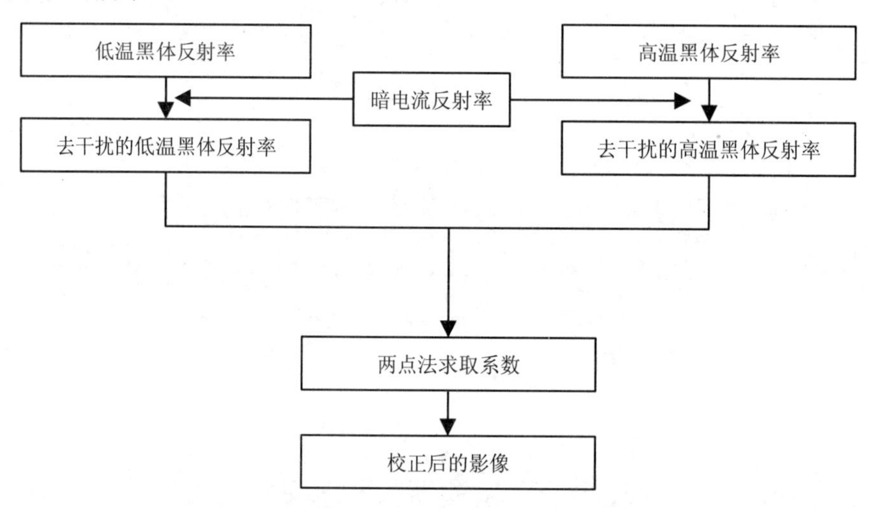

图 5-19　热红外影像相对辐射校正流程

（2）绝对辐射校正处理

绝对辐射校正所需定标系数的获取通过在轨场地定标、在轨交叉定标等方法实现。由于在轨交叉定标需要具有均匀、稳定亮温的目标地物和同步获得波段相同、在轨绝对辐射校正系数完全可靠的同类卫星传感器的图像，而这无法做到实时定标处理，因此在实际使用中较多运用的是场地定标法。

场地定标法是选取具有均匀、相对稳定亮温的目标地物，在卫星过顶前后一定时间内，对地物热辐射、大气温湿压廓线等数据进行同步观测，并同步获取卫星图像。在考虑大气影响的基础上，计算出卫星入瞳处的等效辐射亮度 L，并从图像上读取目标地物的计数值 DN，作为一个亮温点的一套数据。通过测量多个目标地物的数据，利用公式拟合求取绝对定标系数：$D = A \times L + B$。

场地定标法的具体处理流程如图 5-20 所示。

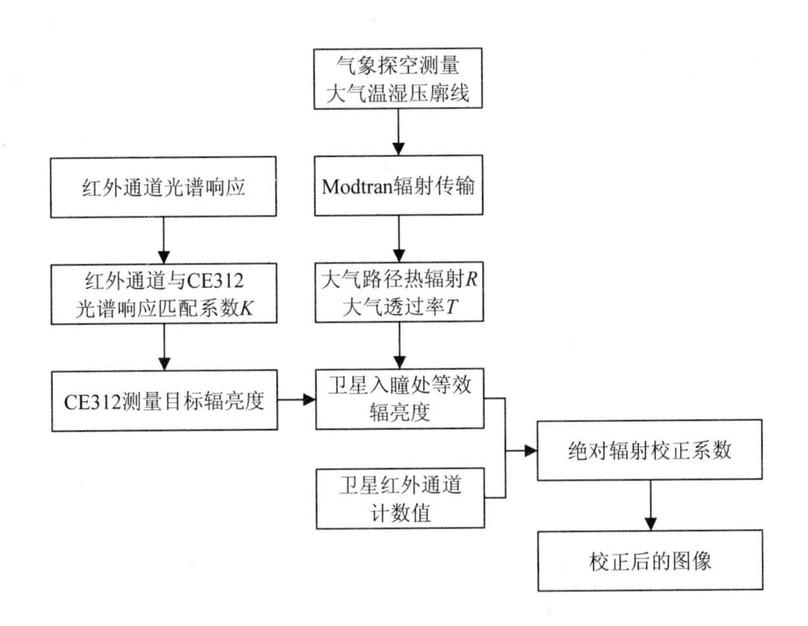

图 5-20　热红外影像绝对辐射校正流程

（3）噪声去除处理

条带噪声和点状噪声是导致红外图像质量下降的主要因素，对后续的红外影像定量应用有较大影响，必须予以消除。红外图像的条带噪声主要表现为贯穿扫描行的随机条带噪声，它是一种非周期性出现于影像中的噪声现象，往往是由于大气环境影响、卫星摄动等原因引起的，这类条带噪声与上下扫描行之间成非线性关系，灰度跃变大小与地表温度密切相关。红外图像的点状噪声主要表现为螺旋状的椒盐噪声，它往往是由于电磁波效应引起的，这类噪声与上、下、左、右地物之间相关性较小，属于无信息噪声成分。通常可以采用标准矩匹配、自适应矩匹配、基于图像分割的图像条带噪声去除等方法来去除噪声影响。

（4）大气校正

地表温度的反演必须建立在大气校正的基础之上。完成绝对辐射校正后进行大气校正，可以得到目标的地面辐射亮度图像，其流程如图 5-21 所示。

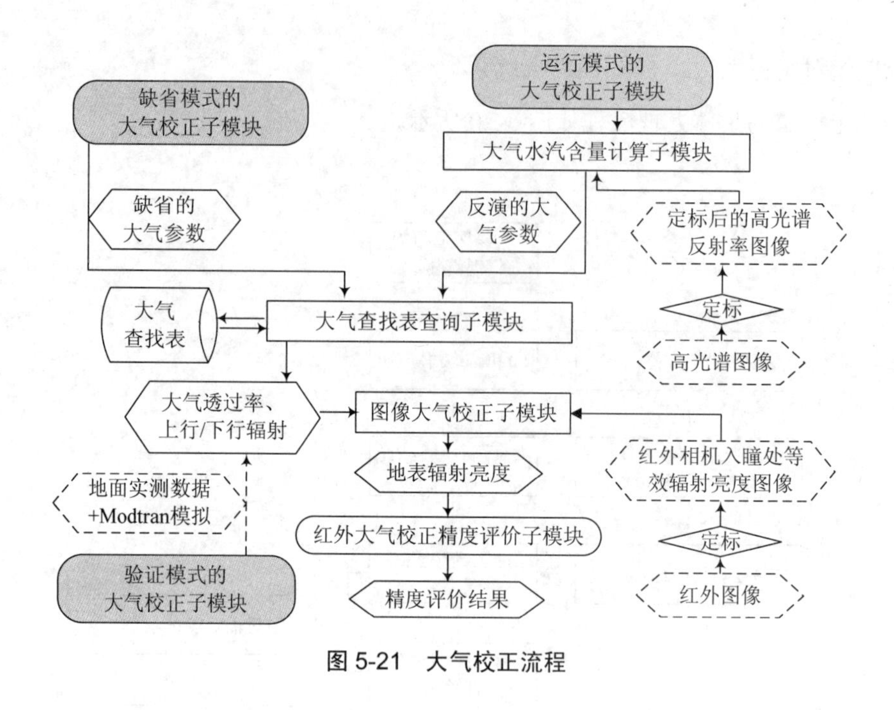

图 5-21　大气校正流程

缺省模式下，直接从内置的缺省大气参数中选择出大气参数；运行模式下，大气水汽含量计算子模块读取高光谱数据反演卫星过境时刻的大气水汽总量，使用红外相机的亮度估算大气的平均温度，将同步反演的水汽总量、大气的平均温度输入到大气查找表查询模块，查询得到大气透过率、大气上行/下行辐射。地表发射率计算模块计算得到发射率，红外波谱库访问模块从波谱库中读取发射率，将同步反演的大气透过率、大气上行/下行辐射和地表发射率输入到图像大气校正模块，计算出地面辐射亮度，实现对红外图像进行快速大气校正。在精度验证模式下，输入场地实测的大气参数，进行大气校正。模块经质量控制后输出地表辐射亮度。

（5）温度反演处理

红外温度反演采用单通道温度反演方法，其流程如图 5-22 所示。

缺省模式下，输入缺省的大气水汽含量和地表发射率；验证模式下，输入实测的大气水汽含量和地表发射率；运行模式下，绿度指数计算模块、水分指数计算模块读取高光谱数据计算出绿度指数和水分指数。绿度指数和水分指数输入到地表发射率计算模块，计算得到发射率，红外波谱库访问模块从波谱库中读取发射率。大气水汽含量计算模块读取高光谱数据反演卫星过境时刻的大气水汽总量，使用红外相机的亮度估算大气的平均温度，将同步反演的水汽总量、大气的平均温度输入到大气查找表查询模块，查询得到大气参数。将同步反演的大气参数和地表发射率输入到温度反演模块，对输入的红外相机入瞳处的等效辐射亮度图像计算，得出地表温度；或者对大气校正后的地表辐射亮度图像进行发射率校正，得出地表温度，实现对红外图像的温度反演。

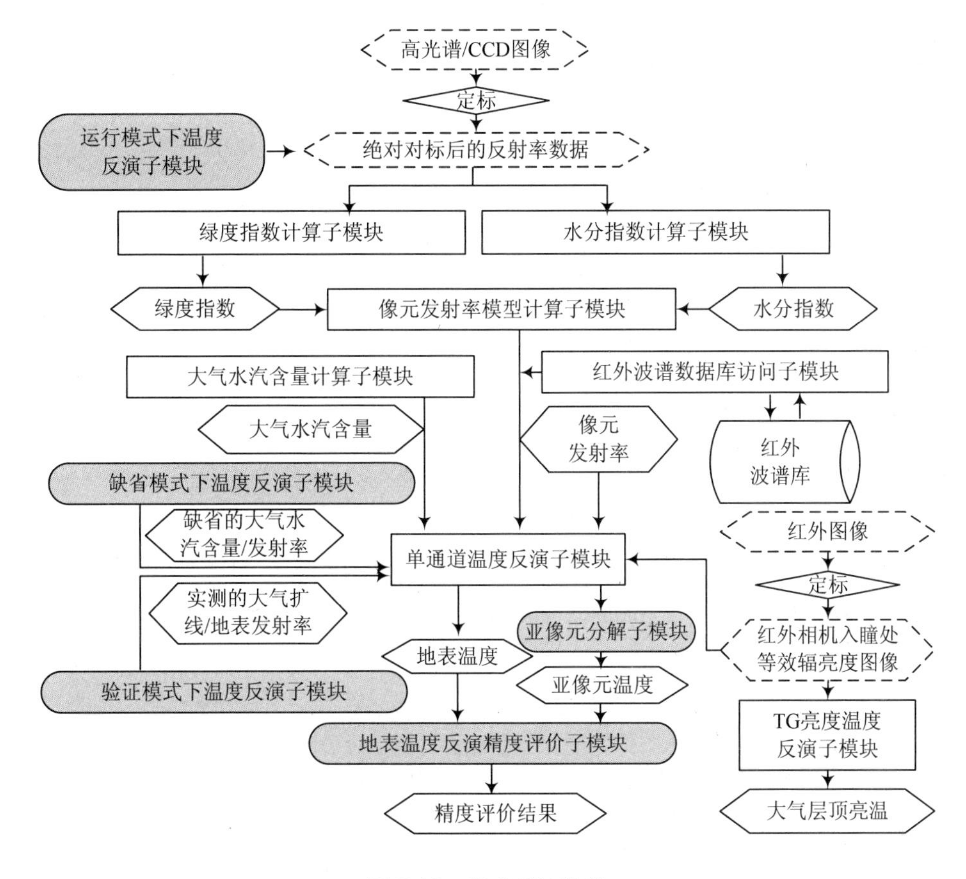

图 5-22　温度反演流程

对大气校正后的图像进行发射率订正的温度反演过程相对简单。大气校正后的地表辐射亮度可以近似为：

$$L_j(\theta_r,\phi_r)=\varepsilon_j(\theta_r,\phi_r)B_j(T_s)+[1-\varepsilon_j(\theta_r,\phi_r)]\overline{L_{atm\downarrow,j}}$$

式中：$\overline{L_{atm\downarrow,j}}=\dfrac{1}{\pi}\int_{2\pi}L_{atm\downarrow,j}(\theta_i,\phi_i)\cos\theta_i d\Omega_i$ ——等效大气下行辐射，是可以通过大气查找表查找到的；

$L_j(\theta_r,\phi_r)$ —— 大气校正后的地表辐射亮度；

$\varepsilon_j(\theta_r,\phi_r)$ —— 地物的方向发射率，可以从像元发射率模型计算模块获得；

$B_j(T_s)$ —— 温度为 T_s 时的普朗克函数，是待求的未知数。将已知条件代入，就可以计算出温度。

采用普适性单通道温度反演算法，引入同步反演的大气参数和地表发射率对相机入瞳处的等效辐射亮度图像计算得到地表温度，其公式如下：

$$T_s = \gamma[(\Psi_1 L_{sensor} + \Psi_2)/\varepsilon + \Psi_3] + \delta$$

$$\gamma = \left[\frac{c_2 L_{sensor}}{T^2_{sensor}}\left(\frac{\lambda^4}{c_1} L_{sensor} + \lambda^{-1}\right)\right]^{-1}$$

$$\delta = -\gamma L_{sensor} + T_{sensor}$$

式中：L_{sensor} —— 星上辐射亮度，W/（$m^2 \cdot \mu m \cdot sr$）；

T_{sensor} —— 星上亮度温度，K；

ε —— 地表比辐射率；

λ —— 有效波长，μm；

c_1、c_2 —— 辐射常量，$c_1 = 1.191\,04 \times 10^8$ W/（$m^2 \cdot \mu m \cdot sr$），$c_2 = 1.438\,77 \times 10^4$ μm·K；

Ψ_1、Ψ_2、Ψ_3 —— 大气水分含量ω的大气函数，可根据经验公式或大气模型估算得到。

（6）热红外影像几何校正技术

热红外遥感影像几何校正与可见光遥感影像几何校正大致相同（见 5.1.1），不同之处在于成像机理不同导致的不同几何畸变的处理不同。

5.1.2.2.3　基于伪彩色变换的热红外遥感影像增强处理技术

热红外图像反映物体的热辐射特征。由于热红外图像具有高背景、低反差、信噪比低的特点，利用热红外图像进行目标判读解译分析时，往往需要对其进行增强处理。

单波段热红外图像是灰度图像，灰度不同，表明目标温度不同。人眼对图像灰度的分辨能力较弱，只能分辨出几十级，而对色彩的分辨能力较强，可以分辨出上千种颜色。为更直观地增强显示图像的层次，提高人眼分辨能力，以便更有效地提取图像信息，利用人眼对颜色敏感的特点，采用伪彩色增强的方法，把灰度图像的各个不同灰度级按照线性或非线性的映射函数变换成不同的彩色，得到一幅彩色图像，达到图像增强的效果，使图像信息更加丰富。热红外灰度图像转换为彩色图像后，不同的色彩表示不同的目标热辐射，图像细节更易辨认，目标更易识别。在实际应用中，往往需要采用符合人们视觉习惯的彩色显示方案，例如对受热物体所成的像进行伪彩色时，将灰度级低的区域设置在蓝色附近（或蓝灰、黑等），而灰度级高的区域设置在红色附近（或棕红、白等），以方便人们对物体的观察。

伪彩色增强的方法主要有密度分割法、灰度级彩色变换和频率域伪彩色增强等。

（1）密度分割法

密度分割法是把灰度图像的灰度级从黑到白分成 N 个区间，给每个区间指定一种彩色，这样，便可以把一幅灰度图像变成一幅伪彩色图像。该方法比较简单、直观，使图像富有层次感，缺点是变换出的彩色数目有限，因此，密度分割法仅适用于对图像包含色彩数目要求不高的场合。

（2）空间域灰度级彩色变换

与密度分割不同，空间域灰度级彩色变换是一种更常用、更有效的伪彩色增强方法。根据色度学原理，将原图像 $f(x, y)$ 的灰度范围分段，经过红、绿、蓝三种不同变换 $T_R[f(x, y)]$、$T_G[f(x, y)]$和 $T_B[f(x, y)]$，变成三基色分量 IR（x，y）、IG（x，y）、IB（x，y），然后用它们分别加到彩色显示器的红、绿、蓝显示通道，得到一幅彩色图像。

（3）频率域伪彩色增强

把灰度图像经傅里叶变换到频率域，在频率域内用三个不同传递特性的滤波器分离成三个独立分量；然后对它们进行逆傅里叶变换，便得到三幅代表不同频率分量的单色图像，接着对这三幅图像作进一步的处理（如直方图均衡化），最后将它们作为三基色分量分别加到彩色显示器的红、绿、蓝显示通道，得到一幅彩色图像，其过程如图 5-23 所示。

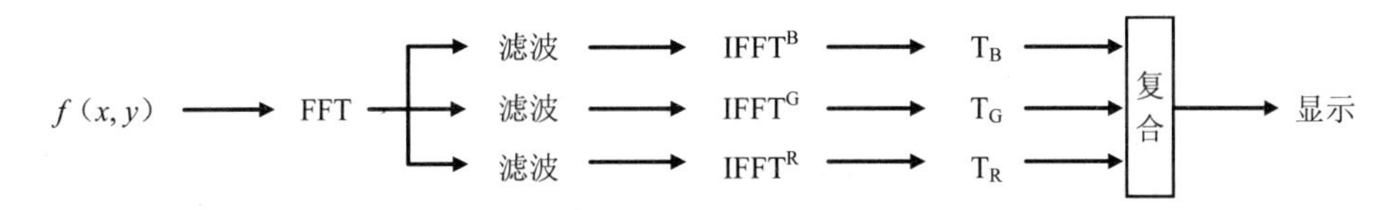

图 5-23　频率域伪彩色增强过程示意

图 5-24 是对热红外图像进行伪彩色增强后唐山华润热电有限公司状态分析结果示意图，图 5-24（a）是热红外灰度图像，图 5-24（b）是经过伪彩色变换的热红外图像。经过伪彩色变换后，目视效果更好。再结合高分辨率可见光图像分析得出结论：唐山华润热电有限公司冷却塔塔顶温度较高，锅炉间 2～5 号机组温度较高，明显高于周围地物，表明电厂正处于运转状态。

（a）　　（b）

图 5-24　唐山华润热电有限公司状态分析结果

5.2　2014 年中国电力行业排放时间变化特征

5.2.1　背景

电力行业是我国国民经济、社会发展的支柱产业，是大气污染物的重要来源。环境统计数据显示，2014 年我国独立火电厂 1 908 家，机组 4 983 台，消耗煤炭 195 103.3 万 t，排放烟气量 18.54 万亿 m^3，排放二氧化硫、氮氧化物、烟尘量分别为 525.3 万 t、670.8 万 t、195.8 万 t，电力行业二氧化硫、氮氧化物和烟尘排放量均位于各工业行业前列。加强电力行业大气污染物排放控制，对改善区域环境空气质量具有重要意义。

国内外研究主要集中于火电排放清单、火电大气污染模拟等，中国排放清单研究缺乏高时空分辨率的分配方法，严重制约了大气污染源解析、空气质量预报等工作的准确性。郑新梅等在问卷调查和资料查阅的基础上建立了南京市电力行业二氧化硫排放清单；Zhang 等根据发电量数据推测我国火电源 NO_x 排放的月变化规律；王占山等参照我国及欧洲地区火电源的排放规律研究成果，开展火电厂大气污染物排放清单的时间分配，默认各污染物排放规律相同；张英杰等根据在线监控数据建立了江苏省电力行业月变化特征曲线。电力行业污染源排放是实时动态变化的，污染物排放量等随时间的变化波动性较大，但现有的电力行业排放清单的时间分配方法大多借鉴国外研究结果，或根据短时抽样监测结果建立污染排放时间廓线，计算得到的时间廓线缺乏代表性和时间精度。

本研究基于中国电力行业大气污染物在线监测数据，采用统计学方法，从时间维度分析描述我国电力行业大气污染物排放的月变化及 24 小时变化特征谱，为火电、热点等电力行业大气排放清单的建立及区域环境空气质量管理提供数据支撑。

5.2.2　电力行业在线监测数据情况

本研究团队已建立中国火电行业排放清单、中国钢铁行业排放清单等（http：//ieimodel.org/），其中 2014 年中国电力行业大气污染源在线监测数据来源于生态环境部环境监察局。依据专家经验，剔除在线监测污染物浓度数据不符合给定数字特征规律或数据疑似存在问题的排口。经质量控制后，电力行业大气污染源在线监测企业 744 家，排污口 1 217 个。

本研究中电力行业包括火力发电（燃煤、燃天然气、燃油等）、垃圾发电、生物质发电、热电、自备电厂等，其中火力发电（燃煤、燃天然气、燃油等）为纯火电行业，热电行业包括集中供热发电和非集中供热发电。本研究重点分析电力行业总体及火电、热电企业大气污染物排放月变化及 24 小时变化趋势，2014 年在线监测电力企业烟尘、SO_2、NO_x 等污染物排放量及企业分布情况见图 5-25。可以看出，安装在线监测火电企业和热电企业在数量上基本持平，两者总和占在线监测电力企业总量的 91.8%。由图 5-25 可见，在线监测电力企业主要集中在山东、浙江、江苏、内蒙古等省份，总体呈现东部地区多于西部地区，北方地区多于南方地区的空间分布特征。

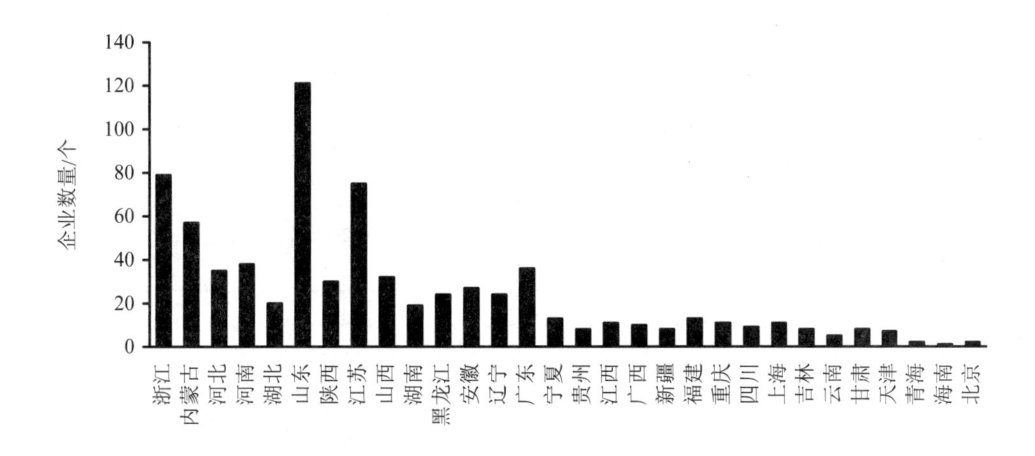

图 5-25　电力行业在线监测数据中各省企业数量分布

如图 5-26～图 5-28 所示，电力行业总体月变化趋势与火电企业月变化趋势基本相同，均为 1 月份污染物排放量最大，总体逐月变小，10—12 月污染物排放量趋于稳定。根据生态环境部发布的《关于执行大气污染物特别排放限值的公告》，重点控制区域火电企业自 2014 年 7 月 1 日起执行《火电厂大气污染物排放标准》（GB 13223—2011）特别排放限值。由图可以看到执行特别排放限值后，火电企业污染物排放量下降趋势明显。总体而言，2014 年电力行业总体排放所占比例依次为冬季（12 月、1 月、2 月）28.56%、春季（3 月、4 月、5 月）29.68%、夏季（6 月、7 月、8 月）22.98%、秋季（9 月、10 月、11 月）18.78%，火电企业排放所占比例依次为冬季 33.96%、春季 26.57%、夏季 20.71%、秋季 18.76%。

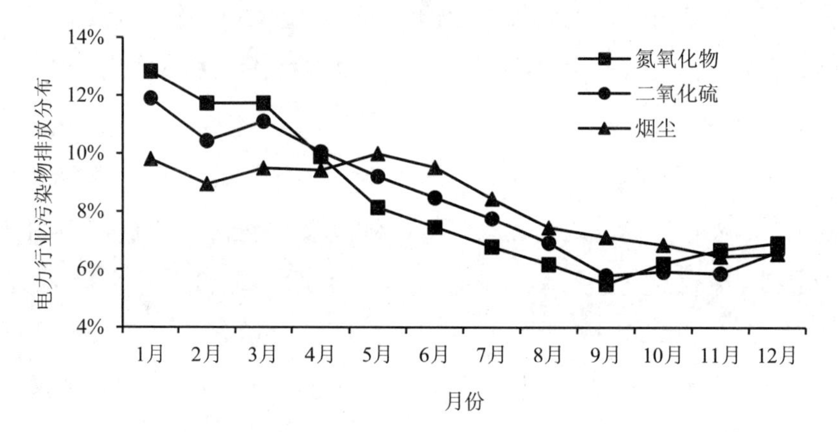

图 5-26　电力行业总体污染物排放月变化特征谱

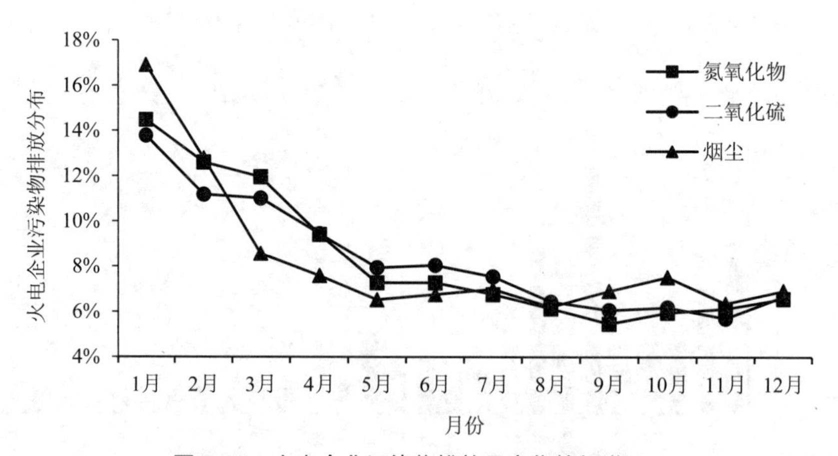

图 5-27　火电企业污染物排放月变化特征谱

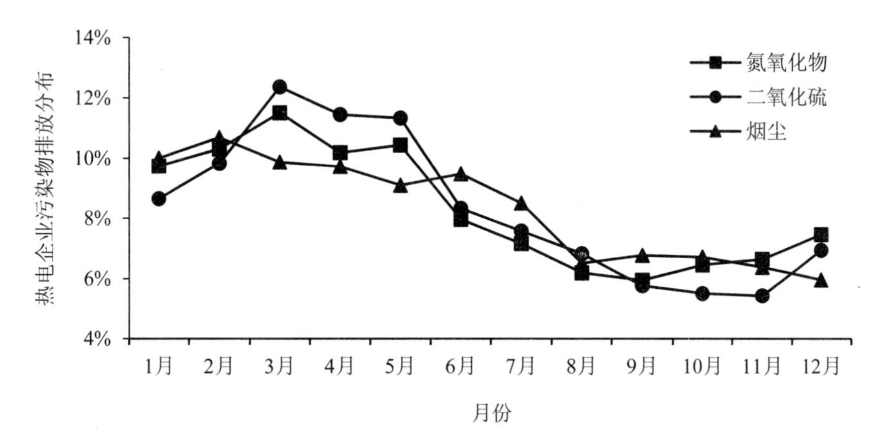

图 5-28　热电企业污染物排放月变化特征谱

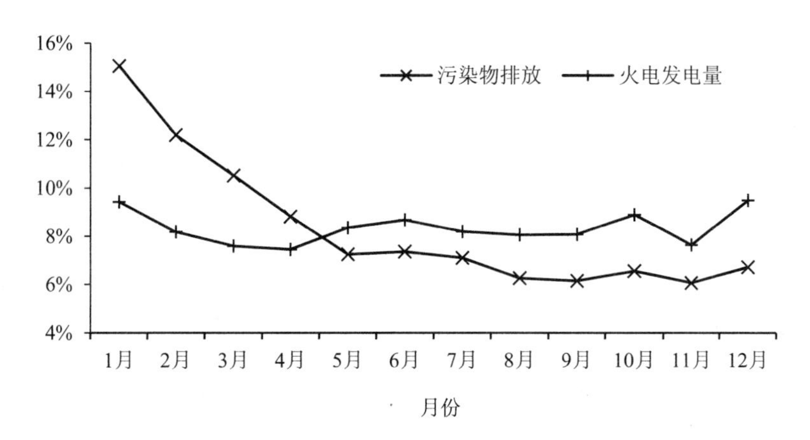

图 5-29　火电发电量与污染物排放量分布对比

根据国家统计局公布的国家数据（http：//data.stats.gov.cn/），将 2014 年全国火力发电量月变化趋势与火电企业大气污染物排放月变化特征进行对比分析（图 5-29），可以看出自 2014 年 7 月起，全国火力发电量与在线监测火电企业大气污染物排放量月变化趋势总体相同，两者相关系数约为 0.50，具有较为显著的相关性。

全国热电企业大气污染物月变化特征与我国北方地区实施集中供暖周期基本一致，呈现出 3—5 月排放量高、8—11 月排放量低的特征，最高值（3 月）与最低值（11 月）的比例为 1.83；同时也存在秋夏季排放量低，春冬季排放量高的季节变化特征，最高值（春季）与最低值（秋季）的比例为 1.72。

鉴于我国南北方地区集中供暖政策的差异，本研究在线监测热电企业按集中供暖地区和非集中供暖地区划分，探讨热电企业大气污染物排放月变化特征。其中，黑龙江、吉林、辽宁、北京、天津、河北、山东、山西、宁夏、内蒙古、甘肃、青海、新疆、西藏为集中供暖省份，其余地区均为非集中供暖省份。

集中供暖和非集中供暖地区在线监测热电企业二氧化硫、氮氧化物、烟尘等大气污染物排放月变化特征见图 5-30。从图 5-30 中可见，集中供暖地区热电企业污染物排放月变化规律与全部热电企业排放月变化规律总体一致，在 3 月份存在污染物排放量最大峰值，自 4 月开始排放量逐渐降低，至 7 月份趋于稳定，在 11 月达到最小值，与我国集中供暖地区供热时间很好地吻合。非集中供暖地区污染物排放在 2 月、5 月及 10 月存在峰值，最大值（5 月）与最小值（2 月）的比例为 2.60，月变化波动较大。与在线监测热电企业污染物排放相比，非集中供暖地区缺少 11 月的峰值，反映了 12 月在线监测热电企业污染物排放的升高与集中供暖有直接关系，这与现有研究结果基本吻合。

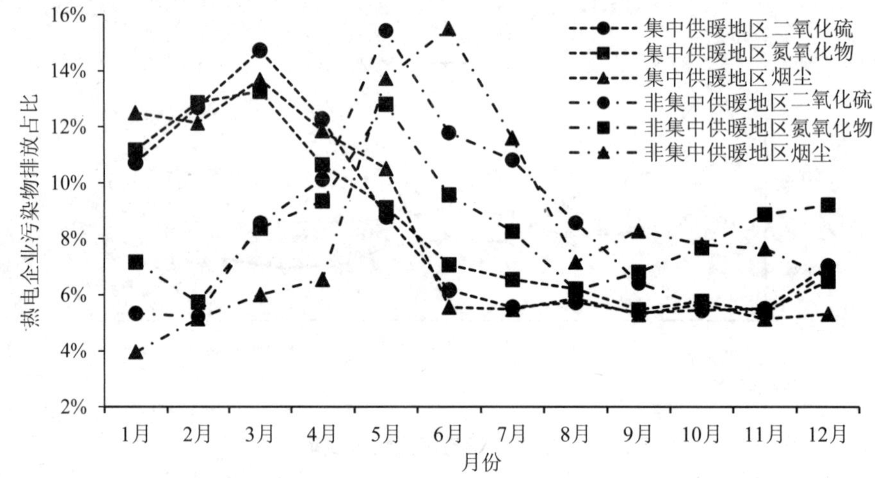

注：污染物排放占比均为各地区各月份污染物排放量占该地区全年污染物排放量的比例。

图 5-30　集中供暖和非集中供暖地区热电企业污染物排放月变化特征谱

以 2014 年电力企业在线监测数据为基础建立的电力行业总体、火电企业及热电企业大气污染物排放 24 小时变化特征谱如图 5-31～图 5-33。由图可见，在线监测电力行业总体和火电企业污染物排放在 0—23 时呈现的变化趋势基本一致，即一天内总体存在“三降两升”。火电企业大气污染物排放在凌晨 4 时左右出现最低值（3.93%），随后逐渐增加，至上午 10 时左右增加至最高值（4.34%），中午 13 时左右出现低谷（4.23%），午后再次逐渐上升至 16 时左右出现峰值（4.32%），随后污染物排放量平缓降低。火电企业大气污染物排放 24 小时内变化特征与社会生产和居民生活规律吻合，自上午 5 时开始，社会活动电力负荷需求水平快速上升至上午高峰，低谷期与居民出行、作息时间一致，即居民室内活动的减少，社会电力负荷需求也有所降低。

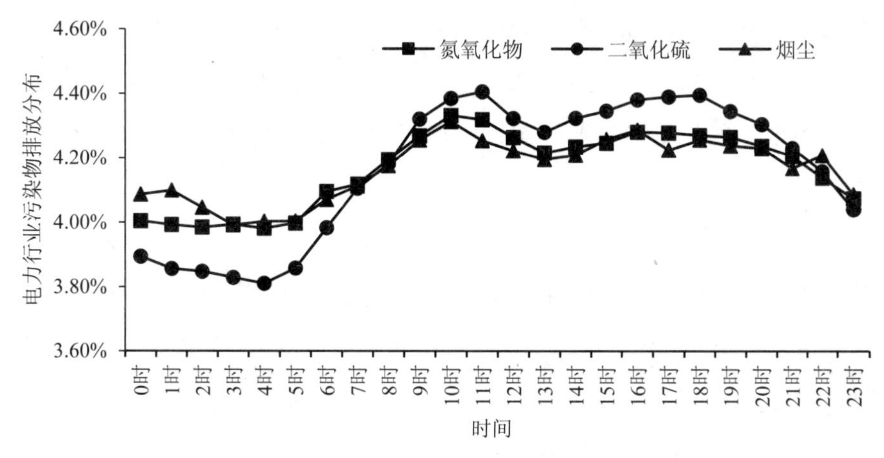

图 5-31　电力行业总体污染物排放 24 小时变化特征谱

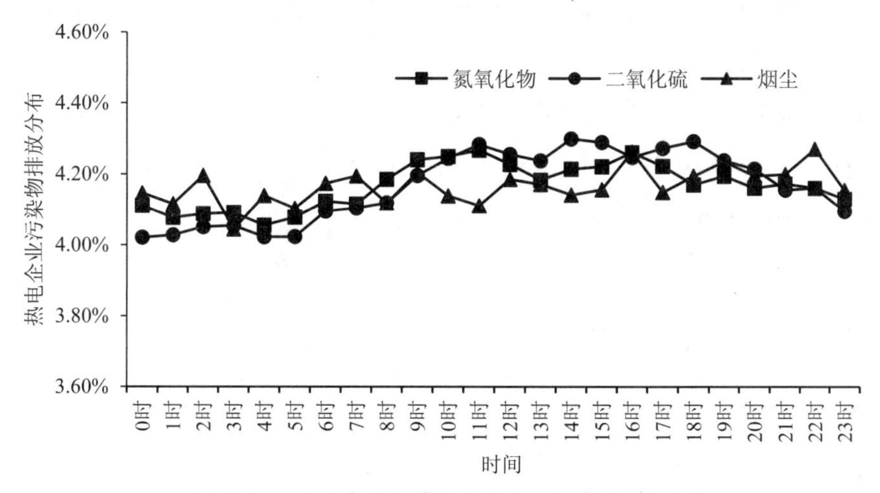

图 5-32　火电企业污染物排放 24 小时变化特征谱

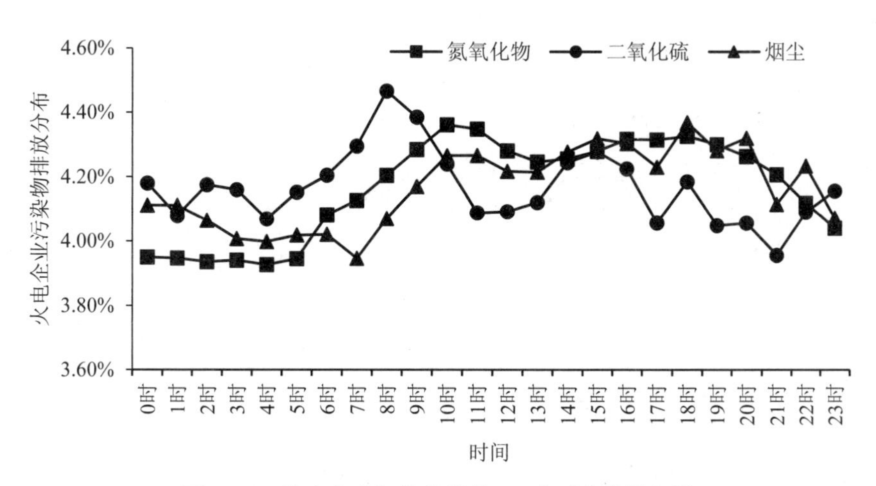

图 5-33　热电企业污染物排放 24 小时变化特征谱

在线监测热电企业大气污染物排放在 24 小时内波动不大，排放最大值出现在 16 时左右，最小值出现在凌晨 3 时左右，最大值（4.26%）与最小值（4.06%）的比例为 1.05。与火电企业相比，热电企业污染物排放受社会生产和居民活动的影响较小。

5.2.3 结论

①我国火电、热电等电力企业接入烟气在线监测系统的企业主要集中在山东、浙江、江苏、内蒙古等省份，总体呈现东部地区多于西部地区，北方地区多于南方地区的空间分布特征。

②电力企业大气污染物排放月变化较大，随季节变化污染物排放量波动较大；热电企业大气污染物排放变化与我国北方地区集中供暖周期总体一致；电力企业大气污染物排放小时变化受社会生产和居民生活等活动强度影响。

③基于全国电力行业大气污染物在线监测数据，分别建立了电力行业总体、火电行业、热电行业的大气污染物排放月变化及 24 小时变化特征曲线，为我国电力行业高时间分辨率大气排放清单的建立及环境空气质量管理提供数据支撑。

第 6 章

全国火电排放清单系统开发

目前国内外一些研究者开展了火电行业排放清单方面的研究，伯鑫等基于环境影响评价基础数据库的成果，收集并整理了数据库中全国重点污染源火电污染源数据；孙洋洋基于已建立的实测的排放因子库和活动水平数据库，建立了基于单位机组的火电厂大气排放清单；朱文波等采用物料衡算及排放因子法建立了 2012 年广东省火电大气污染物排放清单，并模拟分析火电排放对大气环境质量的影响，但是目前火电清单仅仅停留在研究层面，目前关于火电行业清单管理系统方面的研究鲜有报道。

针对上述问题，本章介绍了全国火电排放清单系统开发思路、流程，并详细介绍了各个功能模块等。

6.1 系统简介

《火电厂大气污染物排放标准》(GB 13223—2011)、“超低排放”等标准和工作方案推行后，本系统针对全国火电行业，开发一套集数据导入、筛选、梳理分析等功能于一体的管理系统，为全国火电行业大气污染物排放清单的管理工作提供技术支持。

本系统可以使用普通 PC 运行，建议处理器在酷睿 i3 同等或以上级别处理器，系统内存在 4GB 或以上。

操作系统：为单机版本，使用 Windows7 机器以上版本操作系统。

程序设计语言：客户端使用 C#进行开发，利用微软的 WPF 作为界面框架。

数据库系统：使用关系数据库 SQLite 为本系统提供数据存储功能。

6.2 系统组成

本系统包括了五大子系统，分别是数据导入、数据筛查、清单计算、清单优选、数据展示。

6.3 数据导入子系统

通过该系统可以导入环统、环评、验收、CEMS 等来源的排放数据，同时还可以对排放参数、企业经纬度信息、清单计算因子等辅助表进行数据的录入和管理。

6.4 数据筛查子系统

由于原始数据质量参差不齐，需要通过软件对劣质数据进行筛查，并可以通过界面直接对录入的数据进行修改、保存等操作。

6.5 清单计算子系统

根据排放参数与工厂各种设备参数之间的关系，查算出排放因子，根据该因子结合燃煤量进行排放参数的计算，形成排放清单。

6.6 清单优选子系统

对不同数据来源形成的清单中的排放参数进行优选，可以选定出最终的排放清单，对于数据残缺或者有问题的结果也可以提供人工修改和订正的功能。

6.7 数据展示子系统

对排放清单结果进行全国数据的展示或者分省、市的方式进行归类展示，同时也可以通过地图直接查看各企业的排放参数信息。

6.8　数据管理功能

6.8.1　数据导入

本系统提供的数据导入功能为通用功能，只要该表允许进行数据导入，数据导入按钮就会为可用状态，如图 6-1 所示。

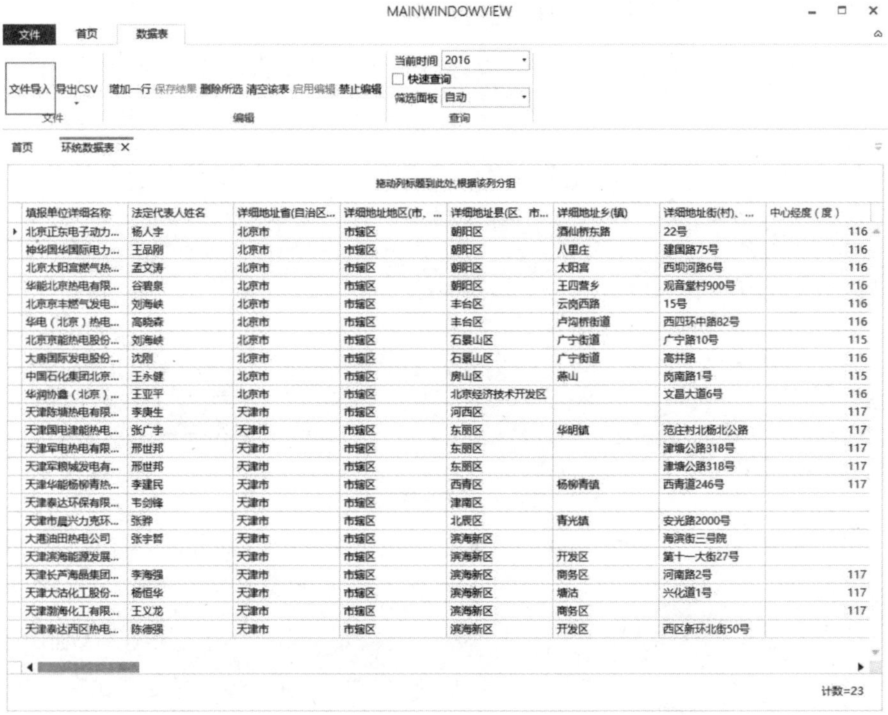

MAINWINDOWVIEW

文件　首页　数据表

文件导入　导出CSV　增加一行　保存结果　删除所选　清空该表　启用编辑　禁止编辑　当前时间 2016　快速查询　筛选面板 自动

文件　编辑　查询

首页　环统数据表 ×

拖动列标题到此处,根据该列分组

填报单位详细名称	法定代表人姓名	详细地址省(自治区...	详细地址地区(市、...	详细地址县(区、市...	详细地址乡(镇)	详细地址街(村)、...	中心经度（度）
北京正东电子动力...	杨人宇	北京市	市辖区	朝阳区	酒仙桥东路	22号	116
神华国华国际电力...	王品刚	北京市	市辖区	朝阳区	八里庄	建国路75号	116
北京太阳宫燃气热...	孟文涛	北京市	市辖区	朝阳区	太阳宫	西坝河路6号	116
华能北京热电有限...	谷碧泉	北京市	市辖区	朝阳区	王四营乡	观音堂村900号	116
北京京丰燃气发电...	刘海峡	北京市	市辖区	丰台区	云岗西路	15号	116
华电（北京）热电...	高晓森	北京市	市辖区	丰台区	卢沟桥街道	西四环中路82号	116
北京京能热电股份...	刘海峡	北京市	市辖区	石景山区	广宁街道	广宁路10号	115
大唐国际发电股份...	沈刚	北京市	市辖区	石景山区	广宁街道	高井路	116
中国石化集团北京...	王永健	北京市	市辖区	房山区	燕山	岗南路1号	115
华润协鑫（北京）...	王亚平	北京市	市辖区	北京经济技术开发区		文昌大道6号	116
天津陈塘热电有限...	李庚生	天津市	市辖区	河西区			117
天津国电津能热电...	张广宇	天津市	市辖区	东丽区	华明镇	范庄村北杨北公路	117
天津军电热电有限...	邢世邦	天津市	市辖区	东丽区		津塘公路318号	117
天津军粮城发电有...	邢世邦	天津市	市辖区	东丽区		津塘公路318号	117
天津华能杨柳青热...	李建民	天津市	市辖区	西青区	杨柳青镇	西青道246号	117
天津泰达环保有限...	韦剑锋	天津市	市辖区	津南区			
天津市晨兴力克环...	张骅	天津市	市辖区	北辰区	青光镇	安光路2000号	
大港油田热电公司	张宇哲	天津市	市辖区	滨海新区		海滨街三号院	
天津滨海能源发展...		天津市	市辖区	滨海新区	开发区	第十一大街27号	
天津长芦海晶集团...	李海强	天津市	市辖区	滨海新区	商务区	河南路2号	117
天津大沽化工股份...	杨恒华	天津市	市辖区	滨海新区	塘沽	兴化道1号	117
天津渤海化工有限...	王义龙	天津市	市辖区	滨海新区	商务区		117
天津泰达西区热电...	陈德强	天津市	市辖区	滨海新区	开发区	西区新环北街50号	

计数=23

图 6-1　数据导入表格

点击该按钮，会弹出如图 6-2 所示导入提示框。

点击选择数据按钮，可以选择一个 CSV 格式的数据文件提供导入，数据文件示例格式如图 6-3 所示（逗号分隔符文件）。

环统数据表-数据导入

数据源

选择数据...

编码

默认ANSI编码

ASCII

UTF-8

操作

清空所有数据

清空该年数据

第一行是表头

导入年份： 2016

日志

开始

图 6-2 环评数据导入

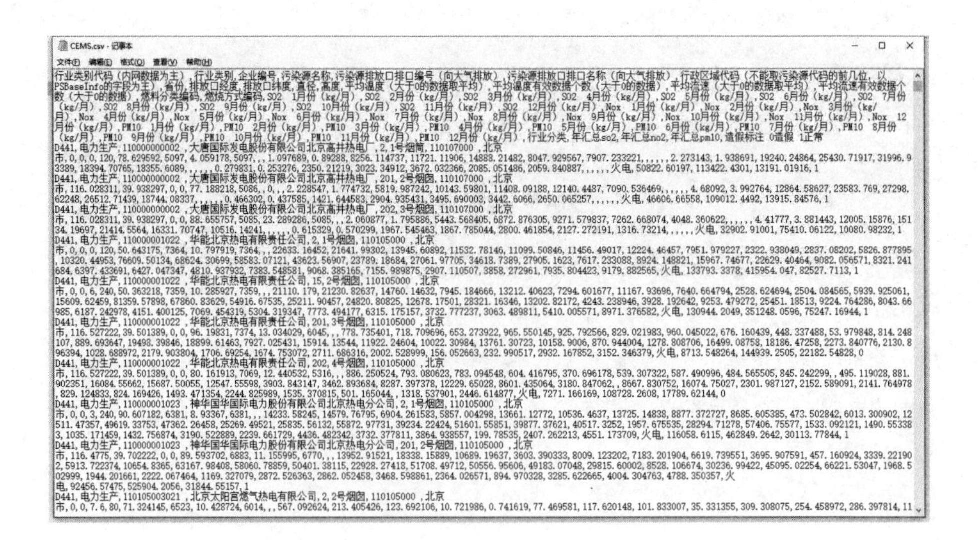

```
CEMS.csv - 记事本
文件(F) 编辑(E) 格式(O) 查看(V) 帮助(H)
行业类别代码（内网数据为主），行业类别,企业编号,污染源名称,污染源排放口排口编号（向大气排放），污染源排放口排口名称（向大气排放），行政区域代码（不能取污染源代码的前几位，以
PSBaseInfo的字段为主），省份,排放口经度,排放口纬度,直径,高度,平均温度（大于0的数据取平均），平均温度有效数据个数（大于0的数据），平均流速（大于0的数据取平均），平均流速有效数据个
数（大于0的数据），燃料分类编码,燃烧方式编码,SO2 1月份（kg/月）,SO2 2月份（kg/月）,SO2 3月份（kg/月）,SO2 4月份（kg/月）,SO2 5月份（kg/月）,SO2 6月份（kg/月）,SO2 7月份
（kg/月）,SO2 8月份（kg/月）,SO2 9月份（kg/月）,SO2 10月份（kg/月）,SO2 11月份（kg/月）,SO2 12月份（kg/月）,Nox 1月份（kg/月）,Nox 2月份（kg/月）,Nox 3月份（kg/
月）,Nox 4月份（kg/月）,Nox 5月份（kg/月）,Nox 6月份（kg/月）,Nox 7月份（kg/月）,Nox 8月份（kg/月）,Nox 9月份（kg/月）,Nox 10月份（kg/月）,Nox 11月份（kg/月）,Nox 12
月份（kg/月）,PM10 1月份（kg/月）,PM10 2月份（kg/月）,PM10 3月份（kg/月）,PM10 4月份（kg/月）,PM10 5月份（kg/月）,PM10 6月份（kg/月）,PM10 7月份（kg/月）,PM10 8月份
（kg/月）,PM10 9月份（kg/月）,PM10 10月份（kg/月）,PM10 11月份（kg/月）,PM10 12月份（kg/月）,行业分类,年汇总so2,年汇总no2,年汇总pm10,造假标注 0造假 1正常
D441,电力生产,110000000002 ,大唐国际发电股份有限公司北京高井热电厂,2,1号烟筒,110107000 ,北京
市,0,0,0,120,78.629592,5097,4.059178,5097,,,1.097689,0.89288,8256.114737,11721.11906,14888.21482,8047.929567,7907.233221,,,,,,2.273143,1.938691,19240.24864,25430.71917,31996.9
3389,18394.70765,18355.6089,,,,,,0.279831,0.253276,2350.21219,3023.34912,3672.032366,2085.051486,2059.840887,,,,,,火电,50822.60197,113422.4301,13191.01916,1
D441,电力生产,110000000002 ,大唐国际发电股份有限公司北京高井热电厂,201,2号烟囱,110107000 ,北京
市,116.028311,39.938297,0,0,77.188218,5086,,0,,,2.228547,1.774732,5819.987242,10143.59801,11408.09188,12140.4487,7090.536469,,,,,,4.68092,3.992764,12864.58627,23583.769,27298.
62248,26512.71439,18744.08337,,,,,,0.466302,0.437585,1421.644583,2904.935431,3495.690003,3442.6066,2650.065257,,,,,,火电,46606.66558,109012.4492,13915.84576,1
D441,电力生产,110000000002 ,大唐国际发电股份有限公司北京高井热电厂,202,3号烟囱,110107000 ,北京
市,116.028311,39.938297,0,0,88.655757,5085,23.289286,5085,,,2.060877,1.795886,5443.568405,6872.876305,9271.579837,7262.668074,4048.360622,,,,,,4.41777,3.881443,12005.15876,151
34.19697,21414.5564,16331.70747,10516.14241,,,,,,0.615329,0.570299,1967.545463,1867.785044,2800.461854,2127.272191,1316.73214,,,,,,火电,32902.91001,75410.06122,10080.98232,1
D441,电力生产,110000001022 ,华能北京热电有限责任公司,2,1号烟囱,110105000 ,北京
市,0,0,0,120,50.643175,7364,10.797919,7364,,,22633.16452,21641.99302,13945.60892,11532.78146,11099.50846,11456.49017,12224.46457,7951.979227,2322.938049,2837.08202,5826.877895
,10320.44953,76609.50134,68624.30699,58583.07121,43623.56907,23789.18684,27061.97705,34618.7389,27905.1623,7617.233088,8924.148821,15967.74677,22629.40464,9082.056571,8321.241
684,6397.433691,6427.047347,4810.937932,7383.548581,9068.385165,7155.989875,2907.110507,3858.272961,7935.804423,9179.882565,火电,133793.3378,415954.047,82527.7113,1
D441,电力生产,110000001022 ,华能北京热电有限责任公司,15,2号烟囱,110105000 ,北京
市,0,0,6,240,50.363218,7359,10.285927,7359,,,21110.179,21230.82637,14760.14632,7945.184666,13212.40623,7294.601677,11167.93696,7640.664794,2528.624694,2504.084565,5939.925061,
15609.62459,81359.57898,67860.83629,54916.67535,25211.90457,24820.80825,12678.17501,28321.16346,13202.82172,4243.238946,3928.192642,9253.479272,25451.18513,9224.764286,8043.66
985,6187.242978,4151.400125,7069.454319,5304.319347,7773.494177,6315.175157,3732.777237,3063.489811,5410.005571,8971.376582,火电,130944.2049,351248.0596,75247.16944,1
D441,电力生产,110000001022 ,华能北京热电有限责任公司,201,3号烟囱,110105000 ,北京
市,116.527222,39.501389,0,0,96.19831,7374,13.034029,6045,,,778.735401,718.709696,653.273922,965.550145,925.792566,829.021983,960.045022,676.160439,448.337488,53.979848,814.248
107,889.693647,19498.39846,18899.61463,7927.025431,15914.13544,11922.24604,10022.30984,13761.30723,10158.9006,870.944004,1278.808706,16499.08758,18186.47258,2273.840776,2130.8
96394,1028.688972,2179.903804,1706.69254,1674.753072,2711.686316,2002.528999,156.052663,232.990517,2932.167852,3152.346379,火电,8713.548264,144939.2505,22182.54828,0
D441,电力生产,110000001022 ,华能北京热电有限责任公司,202,4号烟囱,110105000 ,北京
市,116.527222,39.501389,0,0,80.161913,7069,12.440532,5316,,,886.250524,793.080623,783.094548,604.416795,370.696178,539.307322,587.490996,484.565505,845.242299,,495.119028,881.
902351,16084.55662,15687.50055,12547.55598,3903.843147,3462.893684,8287.397378,12229.65028,8601.435064,3180.847062,,8667.830752,16074.75027,2301.987127,2152.589091,2141.764978
,829.124833,824.169426,1493.471354,2244.825989,1535.370815,501.165044,,1318.537901,2446.614877,火电,7271.166169,108728.2608,17789.62144,0
D441,电力生产,110000001023 ,神华国华国际电力股份有限公司北京热电分公司,2,1号烟囱,110105000 ,北京
市,0,0,3,240,90.607182,6381,8.93367,6381,,,14233.58245,14579.76795,6904.261583,5857.004298,13661.12772,10536.4637,13725.14838,8877.372727,8685.605385,473.502842,6013.300902,12
511.47357,49619.33753,47362.26458,25269.49521,25835.56132,55872.97731,39234.22424,51601.55851,39877.37621,40517.3252,1957.675535,28294.71278,57406.75577,1533.092121,1490.55338
3,1035.171459,1432.756874,3190.522889,2239.661729,4436.482342,3732.377811,3864.938557,199.78535,2407.262213,4551.173709,火电,116058.6115,462849.2642,30113.77844,1
D441,电力生产,110000001023 ,神华国华国际电力股份有限公司北京热电分公司,201,2号烟囱,110105000 ,北京
市,116.4775,39.702222,0,0,89.593702,6883,11.155995,6770,,,13952.91521,18338.15889,10689.19637,3603.390333,8009.123202,7183.201904,6619.739551,3695.907591,457.160924,3339.22190
2,5913.722374,10654.8365,63167.98408,58060.78859,50401.38115,22928.27418,51708.49712,50556.95606,49183.07048,29815.60002,8528.106674,30236.99422,45095.02254,66221.53047,1968.5
02999,1944.201661,2222.067464,1169.327079,2872.526363,2862.052458,3468.598861,2364.026571,894.970328,3285.622665,4004.304763,4788.350357,火
电,92456.57475,525904.2056,31844.55157,1
D441,电力生产,110105003021 ,北京太阳宫燃气热电有限公司,2,2号烟囱,110105000 ,北京
市,0,0,7.6,80,71.324145,6523,10.428724,6014,,,567.092624,213.405426,123.692106,10.721986,0.741619,77.469581,117.620148,101.833007,35.331355,309.308075,254.458972,286.397814,11
```

图 6-3 数据文件示例格式

用户还可以为要导入的数据指定编码，也可以选择是否在导入新数据前自动清空现有数据，另外针对有年份字段的数据表可以指定年份进行导入。

6.8.2　数据编辑、保存与导出

针对打开的数据表，可以选择是否允许进行编辑，如图 6-4 所示。

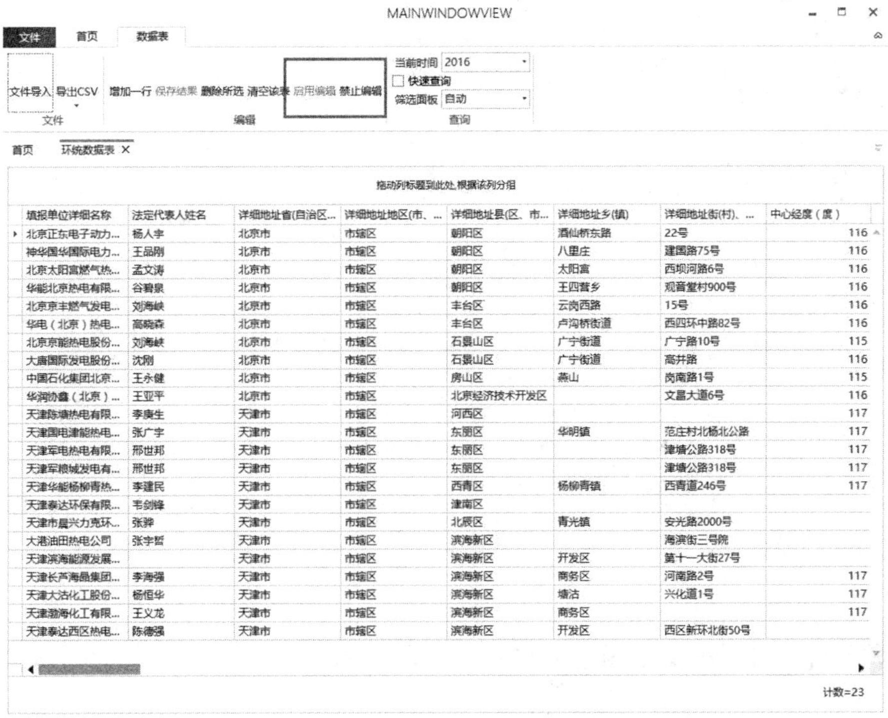

填报单位详细名称	法定代表人姓名	详细地址省(自治区...	详细地址地区(市、...	详细地址县(区、市...	详细地址乡(镇)	详细地址街(村)、...	中心经度（度）
北京正东电子动力...	杨人宇	北京市	市辖区	朝阳区	酒仙桥东路	22号	116
神华国华国际电力...	王品刚	北京市	市辖区	朝阳区	八里庄	建国路75号	116
北京太阳宫燃气热...	孟文涛	北京市	市辖区	朝阳区	太阳宫	西坝河路6号	116
华能北京热电有限...	谷碧泉	北京市	市辖区	朝阳区	王四营乡	观音堂村900号	116
北京京丰燃气发电...	刘海峡	北京市	市辖区	丰台区	云岗西路	15号	116
华电（北京）热电...	高晓森	北京市	市辖区	丰台区	卢沟桥街道	西四环中路82号	116
北京京能热电股份...	刘海峡	北京市	市辖区	石景山区	广宁街道	广宁路10号	115
大唐国际发电股份...	沈刚	北京市	市辖区	石景山区	广宁街道	高井路	116
中国石化集团北京...	王永健	北京市	市辖区	房山区	燕山	岗南路1号	115
华润协鑫（北京）...	王亚平	北京市	市辖区	北京经济技术开发区		文昌大道6号	116
天津陈塘热电有限...	李庚生	天津市	市辖区	河西区			117
天津国电津能热电...	张广宇	天津市	市辖区	东丽区	华明镇	范庄村北杨北公路	117
天津军电热电有限...	邢世邦	天津市	市辖区	东丽区		津塘公路318号	117
天津军粮城发电有...	邢世邦	天津市	市辖区	东丽区		津塘公路318号	117
天津华能杨柳青热...	李建民	天津市	市辖区	西青区	杨柳青镇	西青道246号	117
天津泰达环保有限...	韦剑锋	天津市	市辖区	津南区			
天津市晨兴力克环...	张骅	天津市	市辖区	北辰区	青光镇	安光路2000号	
大港油田热电公司	张宇哲	天津市	市辖区	滨海新区		海滨街三号院	
天津滨海能源发展...		天津市	市辖区	滨海新区	开发区	第十一大街27号	
天津长芦海晶集团...	李海强	天津市	市辖区	滨海新区	商务区	河南路2号	117
天津大沽化工股份...	杨恒华	天津市	市辖区	滨海新区	塘沽	兴化道1号	117
天津渤海化工有限...	王义龙	天津市	市辖区	滨海新区	商务区		117
天津泰达西区热电...	陈德强	天津市	市辖区	滨海新区	开发区	西区新环北街50号	

图 6-4　数据表格式

当启用编辑之后，用户通过单击单元格就可以实现数据的编辑，在编辑完成后，点击菜单栏的保存按钮就可以将编辑结果保存到数据库中。

另外，通过点击增加一行的按钮还可以手动增加新数据。

如果想把当前表格中的数据导入为外部文件，可以通过点击菜单栏的导出按钮组进行操作，有导出 CSV 和导出 XLSX 按钮可选择（图 6-5）。

MAINWINDOWVIEW

文件 首页 数据表

文件导入 导出CSV 增加一行 保存结果 删除所选 清空该表 启用编辑 禁止编辑

XlSX

编辑

当前时间 2016

快速查询

筛选面板 自动

查询

首页 环统数据表

拖动列标题到此处,根据该列分组

填报单位详细名称	法定代表人姓名	详细地址省(自治区...	详细地址地区(市、...	详细地址县(区、市...	详细地址乡(镇)	详细地址街(村)、...	中心经度（度）
北京正东电子动力...	杨人宇	北京市	市辖区	朝阳区	酒仙桥东路	22号	116
神华国华国际电力...	王品刚	北京市	市辖区	朝阳区	八里庄	建国路75号	116
北京太阳宫燃气热...	孟文涛	北京市	市辖区	朝阳区	太阳宫	西坝河路6号	116
华能北京热电有限...	谷碧泉	北京市	市辖区	朝阳区	王四营乡	观音堂村900号	116
北京京丰燃气发电...	刘海峡	北京市	市辖区	丰台区	云岗西路	15号	116
华电（北京）热电...	高晓森	北京市	市辖区	丰台区	卢沟桥街道	西四环中路82号	116
北京京能热电股份...	刘海峡	北京市	市辖区	石景山区	广宁街道	广宁路10号	115
大唐国际发电股份...	沈刚	北京市	市辖区	石景山区	广宁街道	高井路	116
中国石化集团北京...	王永健	北京市	市辖区	房山区	燕山	岗南路1号	115
华润协鑫（北京）...	王亚平	北京市	市辖区	北京经济技术开发区		文昌大道6号	116
天津陈塘热电有限...	李庚生	天津市	市辖区	河西区			117
天津国电津能热电...	张广宇	天津市	市辖区	东丽区	华明镇	范庄村北杨北公路	117
天津军电热电有限...	邢世邦	天津市	市辖区	东丽区		津塘公路318号	117
天津军粮城发电有...	邢世邦	天津市	市辖区	东丽区		津塘公路318号	117
天津华能杨柳青热...	李建民	天津市	市辖区	西青区	杨柳青镇	西青道246号	117
天津泰达环保有限...	韦剑锋	天津市	市辖区	津南区			
天津市晨兴力克环...	张骅	天津市	市辖区	北辰区	青光镇	安光路2000号	
大港油田热电公司	张宇哲	天津市	市辖区	滨海新区		海滨街三号院	
天津滨海能源发展...		天津市	市辖区	滨海新区	开发区	第十一大街27号	
天津长芦海晶集团...	李海强	天津市	市辖区	滨海新区	商务区	河南路2号	117
天津大沽化工股份...	杨恒华	天津市	市辖区	滨海新区	塘沽	兴化道1号	117
天津渤海化工有限...	王义龙	天津市	市辖区	滨海新区	商务区		117
天津泰达西区热电...	陈德强	天津市	市辖区	滨海新区	开发区	西区新环北街50号	

计数=23

图 6-5　导出外部文件

导出的数据如图 6-6 所示。

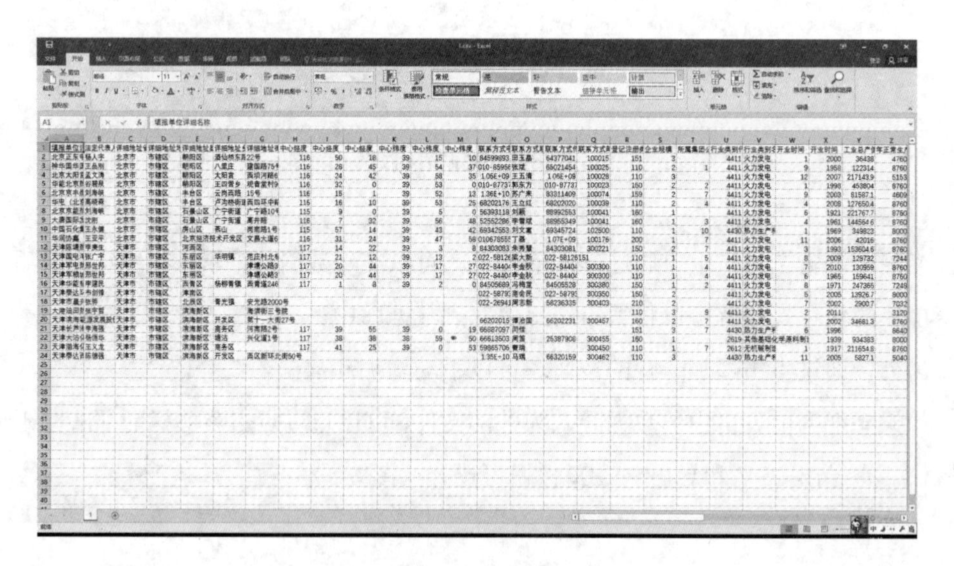

图 6-6　导出数据格式

6.8.3　数据筛查

通过内置的条件表达式可以让一些不符合条件的数据用不同的格式进行显示（图 6-7 中红色区域为不正常数据区）。

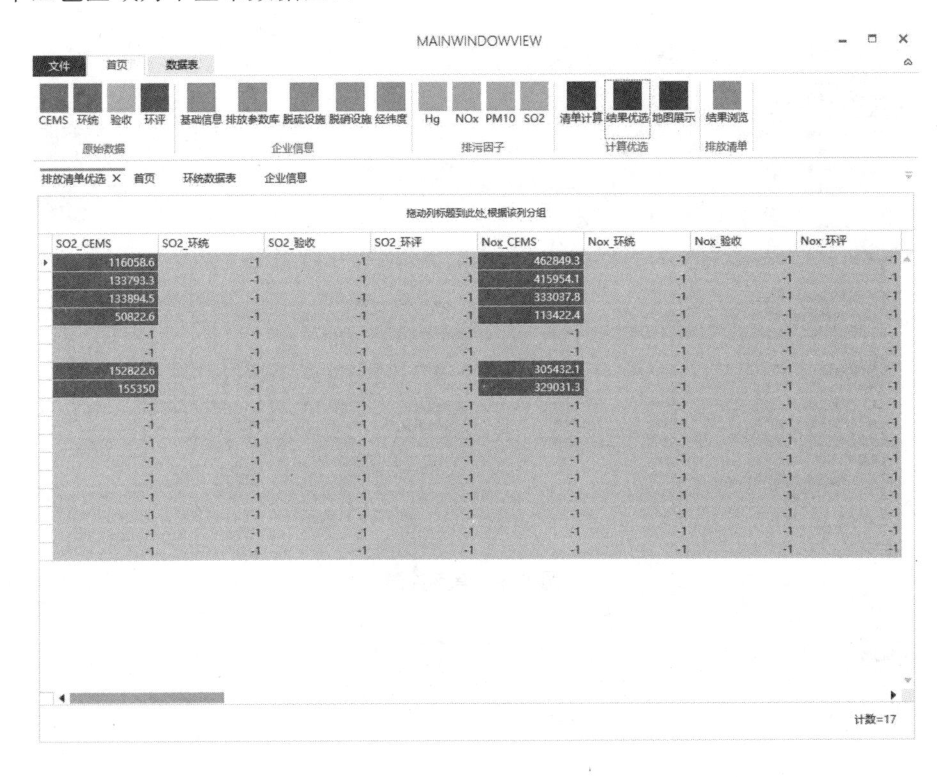

图 6-7　不符合条件的数据格式

6.8.4　自定义条件检索与过滤

系统的数据表视图支持非常强大的自定义条件检索功能，用户可以设置指定的过滤表达式对数据进行过滤（图 6-8）。

如果在数据表菜单中开始实时过滤，还可以通过数据视图顶部的输入框进行数据的过滤（图 6-9）。

6.8.5　自定义分组

当需要对数据进行分组显示时，可以将需要分组的字段按钮，拖动到数据表的最上方，即可实现分组显示（图 6-10）。

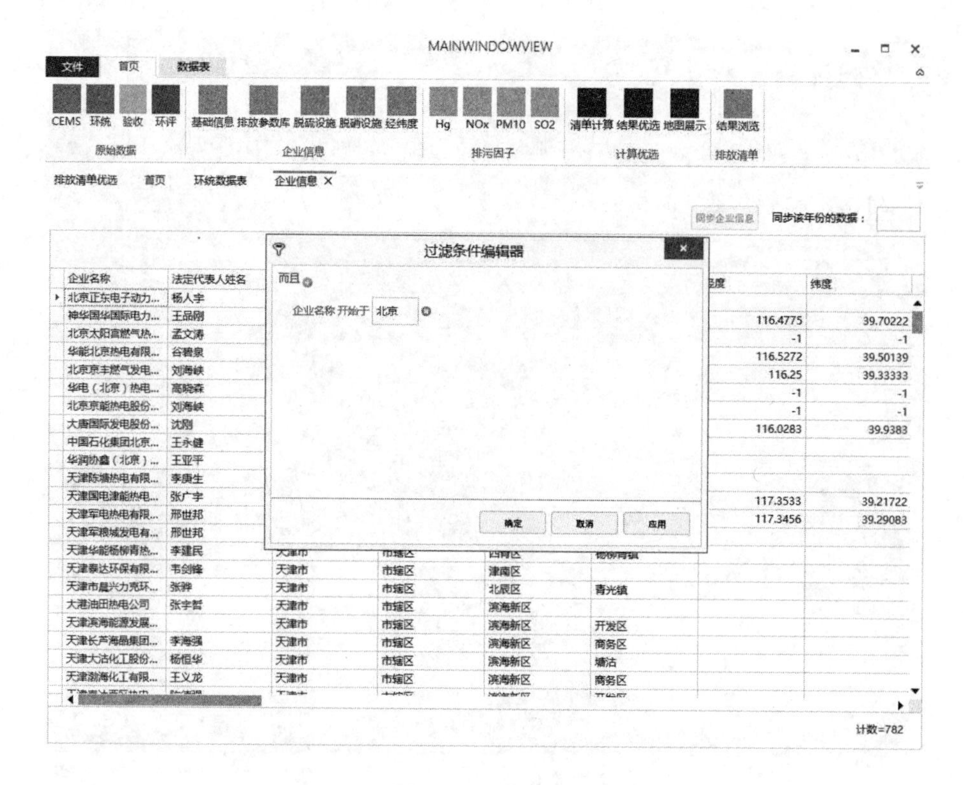

图 6-8 指定检索

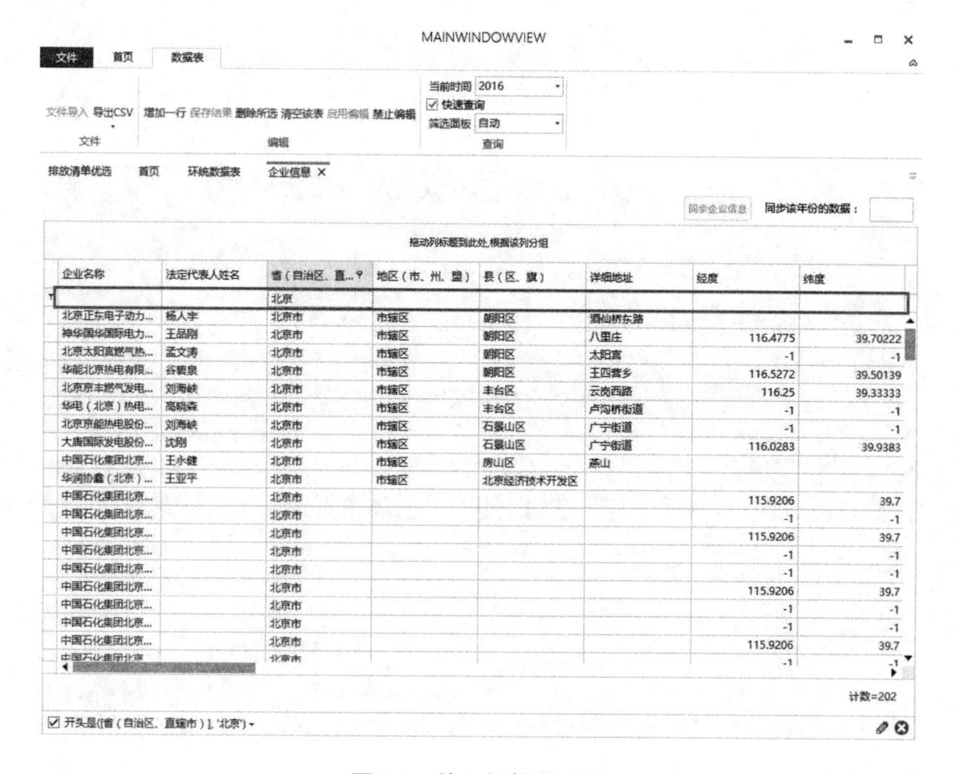

图 6-9 输入框数据过滤

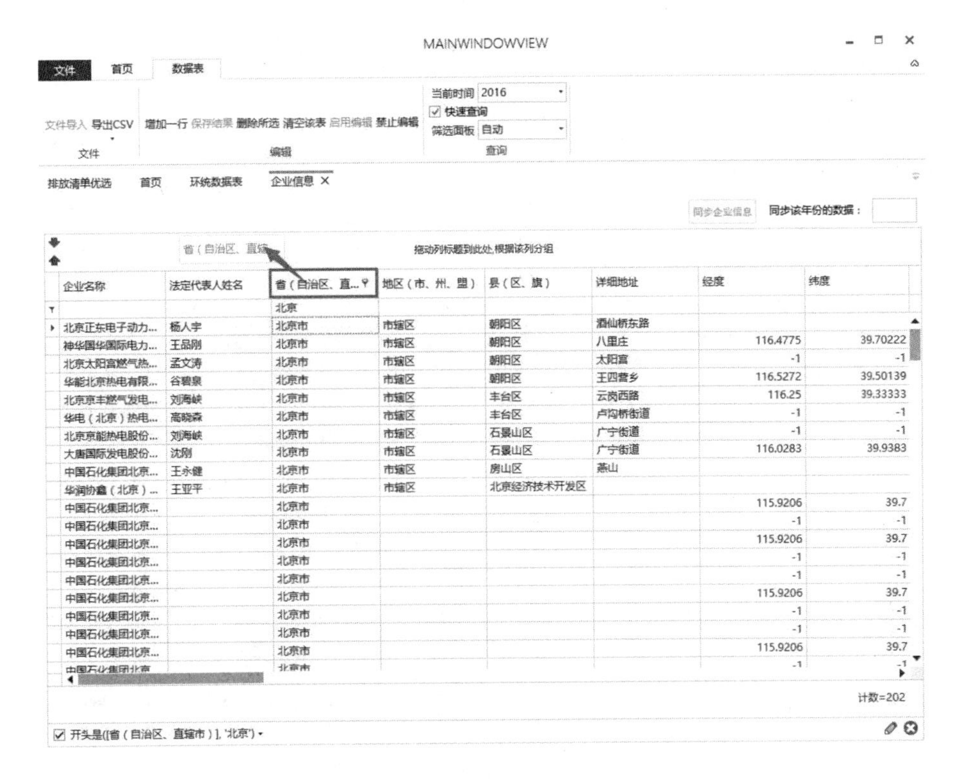

图 6-10　分组显示

6.8.6　自定义条件样式

通过点击右键菜单中的条件表达式菜单，并在弹出的窗口中设置相应的条件，即可实现类似 Excel 表格的条件样式（图 6-11）。

6.9　企业信息更新

当需要更新企业信息时，可以在企业信息数据表中进行更新。

6.9.1　更新规则说明

首先输入要同步的年份，当鼠标移出文本框后，如果输入的年份合法，同步按钮变为可用状态，这时候点击同步按钮会弹出操作视图（图 6-12）。

MAINWINDOWVIEW

文件 首页 数据表

文件导入 导出CSV 增加一行 保存结果 删除所选 清空该表 启用编辑 禁止编辑

当前时间 2016

快速查询

筛选面板 自动

文件 编辑 查询

排放清单优选 首页 环统数据表 企业信息

同步企业信息 同步该年份的数据：

拖动列标题到此处,根据该列分组

度	脱硫工艺	脱硝工艺	除尘工艺	烟囱高度（m）	烟囱出口直径（m）	烟囱出口温度（℃）	烟囱出口速率（m/...	年份
	石灰石-石膏湿							
				240	3	89.5937	11.156	
				80	7.6	73.41814	12.87768	
	石灰石-石膏			240	6	80.16191	12.44053	
				-1	-1	70.51833	-1	
				60	6.2	83.16223	14.28992	
	石灰石-石膏			210	4.5	76.50489	12.94485	
				120	-1	88.65575	23.28929	
				150	-1	65.85378	8.637645	
				150	-1	-1	11.2671	
				-1	-1	-1	8.637645	
				75	-1	65.85378	9.223157	
				150	-1	-1	11.2671	
				-1	-1	-1	8.637645	
				75	-1	65.85378	9.223157	
				150	-1	-1	11.2671	
				-1	-1	-1	8.637645	
				75	-1	65.85378	9.223157	

计数=202

☑ 开头是([省（自治区、直辖市）], '北京')

图 6-11　条件样式

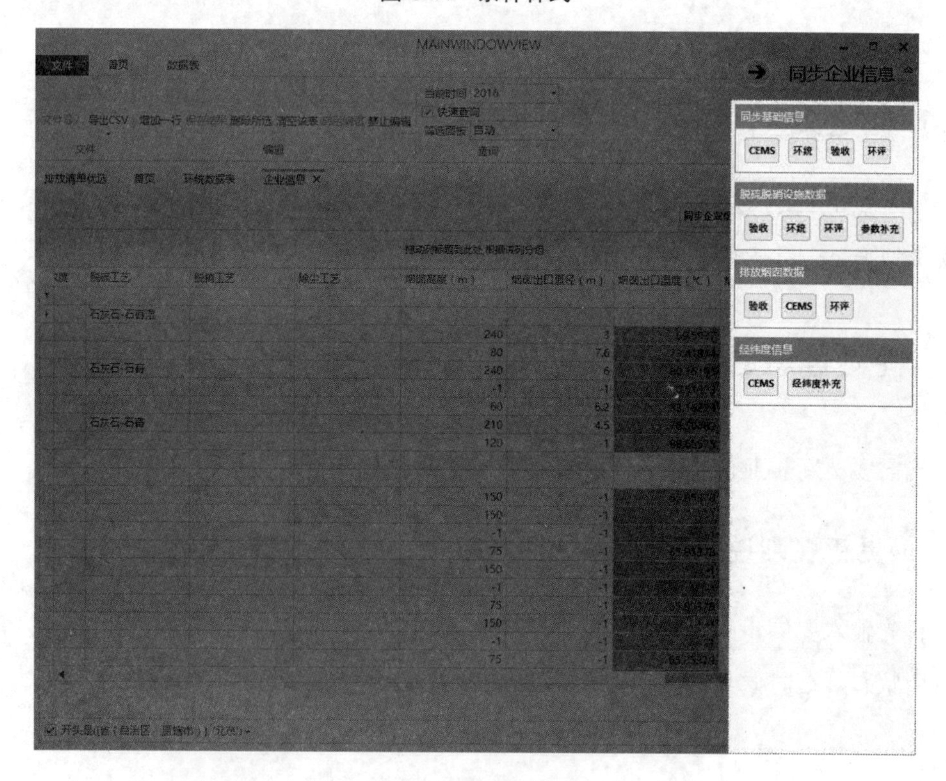

图 6-12　更新操作

6.9.2　常规信息更新

同步基础信息会根据用户点击的步骤依次覆盖更新。

6.9.3　其他信息更新

第二个同步脱硫脱硝数据，可以不同于基础信息的顺序重新设定脱硫脱硝数据的最终来源。

第三个和第四个排放烟囱数据、经纬度信息也是可以使用不同于基础信息的顺序重新设定数据覆盖。

点击后将提示正在同步，同步完成后会自动刷新表格为最新数据，并给出提示。

6.10　清单计算

通过点击菜单栏的清单计算按钮实现清单计算功能（图 6-13）。

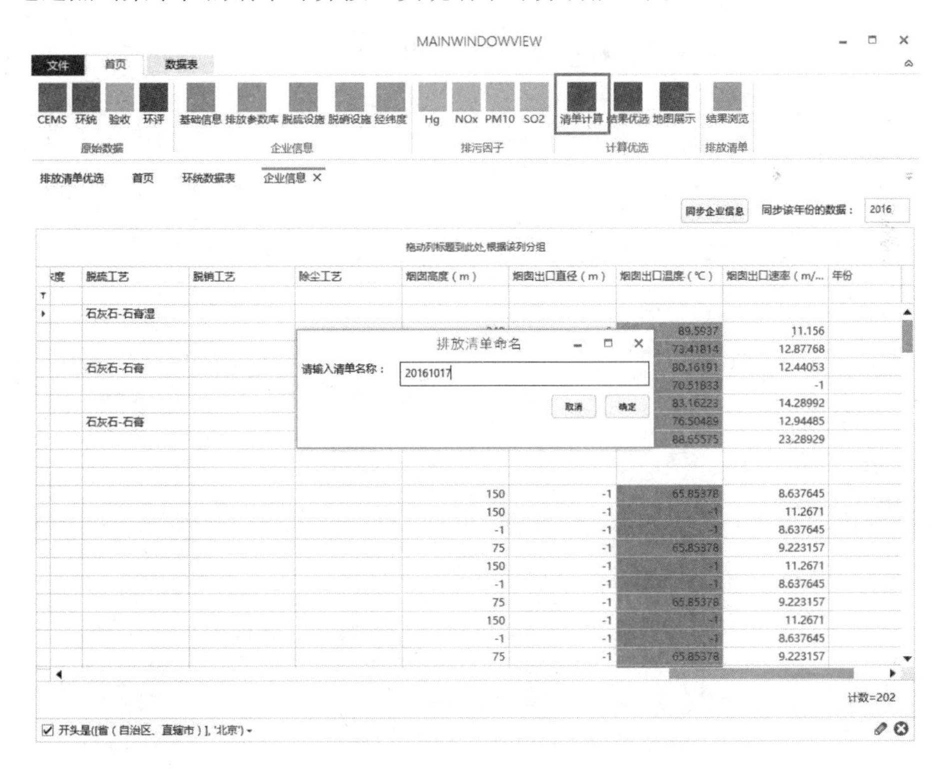

图 6-13　清单计算

点击后，在弹出的对话框中输入清单名称，点击确定之后系统会开始自动计算排放清单，计算的过程中会尝试根据企业信息获取相应的污染物的排放因子，再根据排放因子进行具体的数据计算，最终生成未经人工筛选的排放清单（图 6-14）。

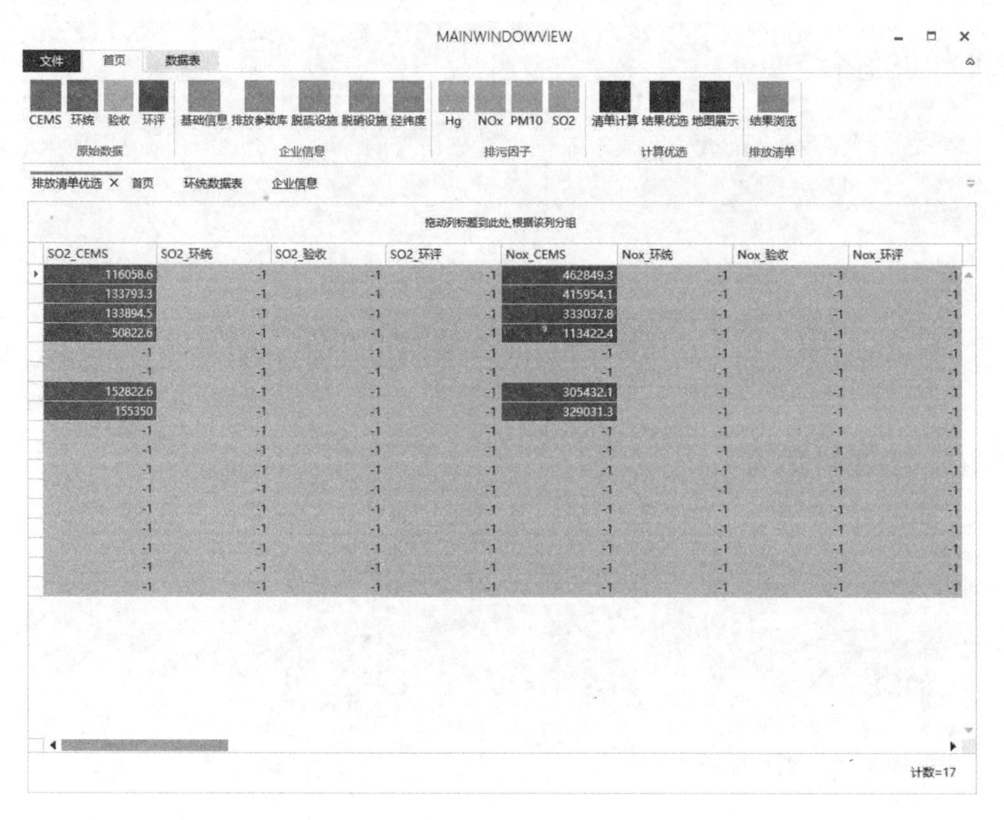

图 6-14 未经筛选的排放清单

6.11 清单优选

清单优选功能设计为使用双击需要使用的来源字段，就可以将该字段的值同步到最终的优选结果中。

被同步到选中结果中的数据会使用绿色进行高亮显示，这样用户可以直观地看出哪个字段被选中。

6.12　清单展示

6.12.1　分省展示

点击菜单栏中的结果浏览按钮显示出最终的优选表，通过使用系统的分组功能可以实现排放清单的分省展示（图 6-15）。

清单名称	企业名称	市	县	经度	纬度	发电量	供热量
省:北京市							
good	神华国华国际电力...	市辖区	朝阳区	116.4775	39.70222	234500	
good	华能北京热电有限...	市辖区	朝阳区	116.5272	39.50139	868800	134
good	北京京能热电股份...	市辖区	石景山区	-1	-1	519500	132
good	大唐国际发电股份...	市辖区	石景山区	116.0283	39.9383	338700	
good	中国石化集团北京...	市辖区	房山区	-1	-1	-1	
省:天津市							
good	天津陈塘热电有限...	市辖区	河西区	-1	-1	371900	54
good	天津国电津能热电...	市辖区	东丽区	117.3533	39.21722	360000	
good	天津军电热电有限...	市辖区	东丽区	117.3456	39.29083	388600	
good	天津军粮城发电有...	市辖区	东丽区	-1	-1	462700	18
good	天津华能杨柳青热...	市辖区	西青区	-1	-1	588200	48
good	天津市晨兴力克环...	市辖区	北辰区	-1	-1	7610	
good	大港油田热电公司	市辖区	滨海新区	-1	-1	17181.46	23
good	天津滨海能源发展...	市辖区	滨海新区	-1	-1	14300	51
good	天津长芦海晶集团...	市辖区	滨海新区	-1	-1	3500	15
good	天津大沽化工股份...	市辖区	滨海新区	-1	-1	17300	0
good	天津渤海化工有限...	市辖区	滨海新区	-1	-1	14321	36
good	天津泰达西区热电...	市辖区	滨海新区	-1	-1	-1	

计数=17

图 6-15　分省展示

6.12.2　地图展示

点击菜单栏中的地图展示按钮，可以在地图上展示相应的数据（图 6-16）。

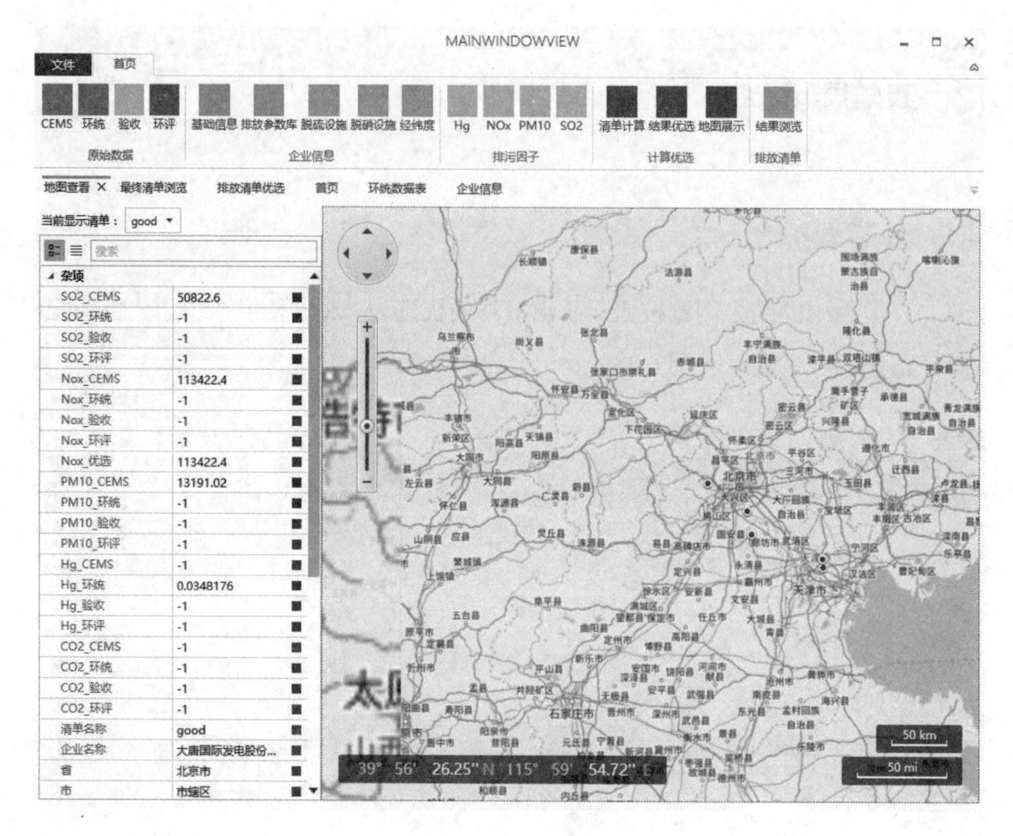

图 6-16 地图展示

6.13 结论

该研究基于全国火电行业海量数据，运用.NET 技术，构建了全国火电行业大气排放清单管理系统，实现了多源异构数据融合、动态更新、多元统计分析、优选计算、空间展示等功能，界面友好，应用便捷，可满足火电行业大气环境管理和科研的实际需求。

第 7 章

2014 年高分辨率全国火电排放清单（HPEC，2014）

2000—2014 年火电行业煤耗占我国煤炭消耗总量的 47.5%～56.1%，2014 年火电行业耗煤达 20.34 亿 t，2014 年全国范围内开始超低改造工作，明确要求到 2020 年年底，完成 5.8 亿 kW 机组超低排放改造任务。届时，我国将建成世界上最大的煤炭清洁利用体系。

火电行业大气污染物治理，正在成为各行业烟气治理的标杆。2014 年之后，火电行业完成了烟气治理技术的系列突破，我国在火电排放治理领域成为全球范围内的技术升级引领者。

然而，火电行业“大气排放清单滞后”是不可避免的，所谓“滞后”即为清单不能反映当前现状。为解决这一问题，美国等发达国家采用每三年更新一次排放清单的方式（NEI）。我国大气排放清单起步较晚，清单建设的基础数据（如活动水平、排放因子等）较为薄弱。我国大气污染不同于国外，近 40 年来的经济快速发展，我国大气污染情况更类似于“压缩式的爆发”，主要表现在大气污染成因复杂、大气污染排放增长速度较快、大气污染影响范围较广等方面。以光伏、风电、天然气等代表的新能源以及抽水蓄能、空气蓄能代表的新型能源存储技术正在我国各行业快速渗透，我国能源结构步入快速调整期，国家尺度的能源发展背景变得愈加复杂。政策引导及复杂的行业背景下，火电行业为维护自身的电力主体地位，使得自身不被时代发展所淘汰，火力发电的“降耗减排”成为其未来发展的必然选择。

2011 年，《火电行业大气污染排放标准》（GB 13223—2011）发布，大量火电大气污染排放口开始执行新标准，特别排放标准也开始在 47 个重点城市施行，火电企业加速大气排放治理进程，污染控制技术的快速发展，导致过去研究的排放因子不再适用于当前中国的火电行业大气排放清单，已有火电清单无法反映火电行业最新的大气排放特征。

国内外区域尺度清单主要有TRACE-P（Transport and Chemical Evolution over the Pacific），INTEX-B（Intercontinental Chemical Transport Experiment-Phase B），REAS1.1（Regional Emission Inventory in Asia Version1.1），REAS2.0（Regional Emission Inventory in Asia Version2.0），MEIC（Multi-resolution Emission Inventory for China），MIX（a Mosaic Asian Anthropogenic Emission Inventory under the International Collaboration Framework of MICS-Asia and HTAP）等，有关电力部门的编制基准年大多在2012年之前，研究者利用不同的估算方法、活动数据、排放因子，在不同尺度对火电行业排放进行了估算。上述火电排放研究的排放因子、活动水平、排放量等均存在一定差异。例如，INTEX-B使用的2006年中国火电行业NO_x排放因子均值为7.1 g/kg，赵瑜等基于燃煤电厂机组编制了2006年全国火电行业排放清单，NO_x排放因子范围为4.05～11.46 g/kg。近年来，我国大部分火电行业配有在线监测装备，在线监测数据（CEMS）也为排放清单的编制提供了新的思路。戴佩虹利用广东省的2011年在线监测数据，构建了广东省本土化的SO_2、NO_x排放因子库；伯鑫等利用在线监测等数据编制了京津冀地区的火电排放清单。

本研究根据2014年全国火电CEMS数据、总量减排数据、环境统计数据等，综合考虑火电行业超低技术、实际排放浓度、活动水平等因素，构建了基于在线监测数据浓度的排放因子库，初步自下而上建立了2014年中国火电排放清单（High Resolution Power Emission Inventory for China，HPEC），清单包括NO_x、SO_2、PM_{10}等污染物，并分析了火电行业整体排放浓度水平、污染物排放量，对比了各省排污许可浓度与实际浓度情况，为全国火电大气污染物减排、大气污染源解析、大气污染成因分析、大气污染预报预警、空气质量达标规划等工作提供支撑。

7.1 材料与方法

7.1.1 研究区域与对象

本研究以2014年为基准年，包括中国大陆30个省、自治区及直辖市（港澳台及西藏地区暂不考虑），在线监测数据（CEMS）来自生态环境部环境监察局（包括966家火电企业，共2 106个排放口）；环统数据来源于中国环境监测总站（火电企业2 685家）。

本研究纳入分析的机组覆盖装机总量约8.970亿kW，发电4.191万亿kW·h，供热

50.01 亿 GJ，燃煤 20.7 亿 t，燃油 68.0 万 t，天然气 236.9 亿 m^3，煤气 709.1 亿 m^3，煤矸石 10 030.1 万 t，生物质等其他燃料 974.4 万 t。将各类燃料折标煤后，分省进行统计后如图 7-1 所示，煤炭依然是我国发电燃料的主体来源，占比达 93.28%，北京市火电行业天然气占比接近 50%。

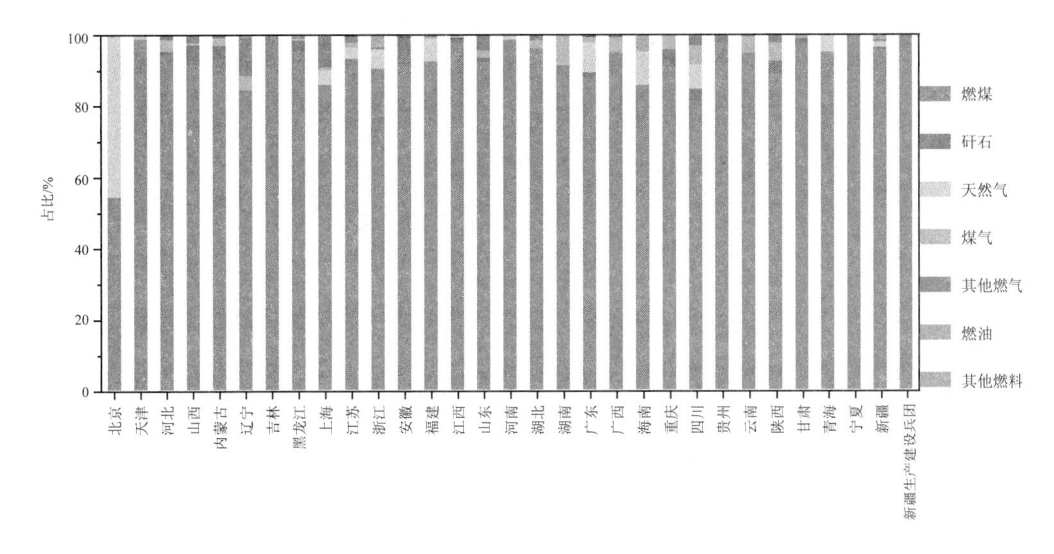

图 7-1　2015 年各省火电行业不同燃料占比（折标煤后）

7.1.2　计算方法

首先，基于 CEMS 数据，计算出各个安装在线监测设备的企业常规污染物年均排放浓度。根据各个企业的燃煤低位发热值数据，计算获得各 CEMS 企业单位燃煤理论干烟气量；结合理论烟气量及排放浓度信息，获得各个 CEMS 企业的排放因子；最后依据排放因子法，自下而上计算得到每个 CEMS 企业污染物的排放量。对于没有安装 CEMS 的企业，根据该企业所在省份平均浓度来计算。除燃煤外的其他燃料类型的电厂，由于数据样本不足，不分区域统计。具体公式如下：

$$E_{\mathrm{m}} = \sum_{n} \sum_{i} \mathrm{AC}_{n,i} \mathrm{EF}_{n,i}$$

$$C_{\mathrm{AVG},n,i} = \sum_{j} \sum_{j} C_{j,h} \Big/ \sum_{j} \mathrm{Oph}_{j}$$

$$\mathrm{EF}_{n,i} = C_{\mathrm{AVG}\ \ n,i} \times V_{n,i}$$

$$V = 1.04 \times \frac{Q_L}{4186.8} + 0.77 + 1.0161 \times (\alpha - 1) \times V_0$$

$$V_0 = \begin{cases} 0.251 \times \dfrac{Q_L}{1000} + 0.278\text{（烟煤）} \\ \dfrac{Q_L}{4140} + 0.606\text{（无烟煤）} \end{cases}$$

式中：E_m —— 排放量，t/a；

EF —— 排放因子，g/kg 燃料；

AC —— 环境统计燃料消耗量，t/a；

n —— 区分不同省份；

i —— 区分不同电厂；

C_{AVG} —— 排放浓度统计均值，mg/m^3；

C —— 在线监测排口污染物浓度小时均值；

j —— 排口编号；

h —— 第 h 个运行小时；

Oph —— 纳入分析的监测小时数；

V —— 理论烟气量，m^3/kg（其他燃料的烟气量估算由查《第一次全国污染源普查工业污染源产排污系数手册》获得）；

Q_L —— 燃煤低位发热值，kJ/kg；

α —— 过量空气系数，取 1.4；

V_0 —— 理论空气量。

参考《国家监控企业污染源自动监测数据有效性审核办法》，本研究在线监测数据为通过有效性审核的数据，对缺失及失控数据的修约处理按照《固定污染源烟气（SO_2、NO_x、颗粒物）排放连续监测技术规范》（HJ 75—2017）执行。

7.2 结果与讨论

7.2.1 基于 CEMS 的火电排放浓度分析

本研究基于各个在线监测火电排口数据，计算得到各省平均排放浓度（表 7-1），其中江苏省火电在线监测数据传输质量较差，本研究后续计算以邻近省份（浙江、上海）数据代替。全国各省火电 SO_2、NO_x、烟尘平均排放浓度范围为 8.1～171.28 mg/m^3、13.15～385.39 mg/m^3、40.17～392.07 mg/m^3，不同地区之间存在近 20 倍的差异。基于在线监测的全国范围内三类常规污染物的均值分别为：50.5 mg/m^3、138.76 mg/m^3、190.03 mg/m^3，三类常规污染物排放浓度的空间分布具有明显的地区差异，京津冀、长三角、珠三角等区域，排放浓度均值明显低于其他地区，烟尘排放浓度高值区主要集中在广西、重庆、黑龙江、陕西等省份，二氧化硫排放浓度高值区主要集中在云贵地区，氮氧化物排放浓度高值区主要集中在贵州、青海、新疆、吉林、黑龙江、内蒙古等省份。

表 7-1　基于在线监测分析的各省火电企业污染物年均排放浓度　　单位：mg/m^3

地区	烟尘		二氧化硫		氮氧化物	
	均值	95%置信区间	均值	95%置信区间	均值	95%置信区间
北京	8.1	3.69～12.5	13.15	4.76～21.54	40.17	15.91～64.42
天津	39.9	22.36～57.45	64.25	44.68～83.81	156.31	114.17～198.45
河北	36.23	28.47～43.98	106.37	93.94～118.79	144.79	119.52～170.06
山西	54.24	42.41～66.07	153.23	137.87～168.59	146.28	128.31～164.25
内蒙古	64.71	54.54～74.88	192.24	174.5～209.99	239.71	217.07～262.35
辽宁	54.88	43.32～66.45	155.88	128.49～183.27	168.15	145.87～190.43
吉林	80.7	55.88～105.52	122.38	99.66～145.11	258.56	209.59～307.52
黑龙江	98.42	84.21～112.62	195.73	161.96～229.49	327.23	284.33～370.13
上海	12.69	9.81～15.57	49.87	41.48～58.27	149.02	105.76～192.28
浙江	16.1	14.79～17.41	76.98	66.25～87.72	108.92	95.83～122.01
安徽	37.77	27.83～47.71	109.37	84.1～134.63	134.55	110.13～158.97
福建	24.37	20.1～28.64	69.57	55.73～83.4	86.56	75.51～97.61
江西	59.37	31.21～87.52	140.06	107.58～172.54	179.74	117.07～242.42
山东	34.5	29.48～39.52	109.46	103.38～115.55	225.25	205.48～245.03
河南	29.34	27.02～31.66	136.74	126.41～147.07	213.63	188.16～239.09
湖北	50.95	32.52～69.39	152.75	122.22～183.28	199.27	153.74～244.79
湖南	51.47	26.02～76.93	139.4	127.78～151.03	229.52	175.77～283.26
广东	52.42	37.74～67.1	82.57	70.25～94.89	110.74	93.8～127.67
广西	171.28	108.49～234.07	199.27	151.15～247.4	180.25	129.42～231.08
海南	28.01	16.83～39.18	139.57	83.09～196.04	178.3	45.26～311.34
重庆	155.7	92.17～219.24	385.39	321.5～449.29	200.35	118.98～281.71
四川	44.04	26.83～61.24	236.12	195.31～276.94	175.23	132.08～218.37
贵州	61.41	−16.11～138.93	237.86	211.81～263.92	384.93	236～533.87
云南	40.07	29.09～51.05	204.1	154.33～253.88	170.53	136.35～204.72
陕西	102.5	86.67～118.34	197.14	161.71～232.57	220.58	181.98～259.18
甘肃	51.61	37.55～65.66	159.22	119.55～198.88	194.26	145.02～243.5

地区	烟尘		二氧化硫		氮氧化物	
	均值	95%置信区间	均值	95%置信区间	均值	95%置信区间
青海	59.92	25.84～94.01	153.81	60.62～247.01	392.07	195.23～588.9
宁夏	29.16	23.57～34.74	160.15	131.66～188.65	148.9	123.23～174.58
新疆	55.22	11.04～99.4	111.38	38.39～184.38	258.55	131.04～386.07
新疆生产建设兵团	49.41	6.67～92.15	150.57	85.62～215.52	301.01	219.37～382.65
全国	50.5	47.68～53.33	138.76	133.94～143.59	190.03	183.28～196.78

如表 7-1 所示，火电烟气烟尘排放，仅北京市电厂烟气烟尘排放均值达到超低排放 10 mg/m^3 限值要求，为 8.1 mg/m^3；上海、浙江两省市平均排放浓度分别为 12.69 mg/m^3、16.1 mg/m^3；其余省市排放平均浓度均在 20 g/m^3 以上；平均排放浓度较高的 5 个省市从大到小分别为广西、重庆、陕西、黑龙江、吉林，在 80.7～171.3 mg/m^3。SO_2 平均排放浓度达到超低排放 35 mg/m^3 的仅有北京市，上海市平均浓度为 49.87 mg/m^3，其余省市均在 60 mg/m^3 以上；平均排放浓度较高的 5 个省市从大到小分别为重庆、四川、贵州、云南、广西，在 199～385 mg/m^3。NO_x 排放，仅北京市电厂烟气 NO_x 排放均值达到超低排放 50 mg/m^3 限值要求，为 40.17 mg/m^3；上海市平均排放浓度为 86.56 mg/m^3；其余省市 NO_x 排放平均浓度均在 100 mg/m^3 以上；平均排放浓度较高的 5 个省份从大到小分别为青海、贵州、黑龙江、新疆、吉林，在 258～392 mg/m^3。

7.2.2 燃煤发电机组的排放因子分析

全国燃煤发电 SO_2 排放因子的 10%～90%的分位数为 0.31～2.24 g/kg，平均值为 1.25 g/kg，中位数为 0.87 g/kg；NO_x 排放因子的 10%～90%的分位数为 0.45～3.95 g/kg，平均值为 1.47 g/kg，中位数为 1.06 g/kg；烟尘的排放因子的 10%～90%的分位数为 0.1～0.90 g/kg，平均值为 0.39 g/kg，中位数为 0.20 g/kg。排放因子的主要分布情况如图 7-2 所示，通过对在线监测的火电烟气排口的研究发现，排放因子分布相对较为集中，如图 7-3（d）所示。表明当前我国燃煤发电排放控制起到了一定的成效，但是仍有部分电厂未达标排放，或执行着较松的标准。

各省的排放因子有明显的地域差异，同时，同一省份不同企业排放因子也存在着较大的差别。分省的排放因子如图 7-3（a）、（b）、（c）所示，表 7-2 给出了各省的排放因子均值及其 95%置信区间。SO_2 平均排放因子较小的 5 个省市，排放因子从小到大分别为北京、上海、天津、福建、浙江，平均排放因子在 0.11～0.61 g/kg；NO_x 排放因子平均值较小的 5 个省市分别为北京、福建、浙江、广东、安徽，平均排放因子在 0.35～1.03 g/kg；烟尘排放因子平均值较小的 5 个省市分别为北京、上海、浙江、福建、河南、宁夏（河南、宁夏均为 0.22 g/kg），平均排放因子在 0.07～0.22 g/kg。

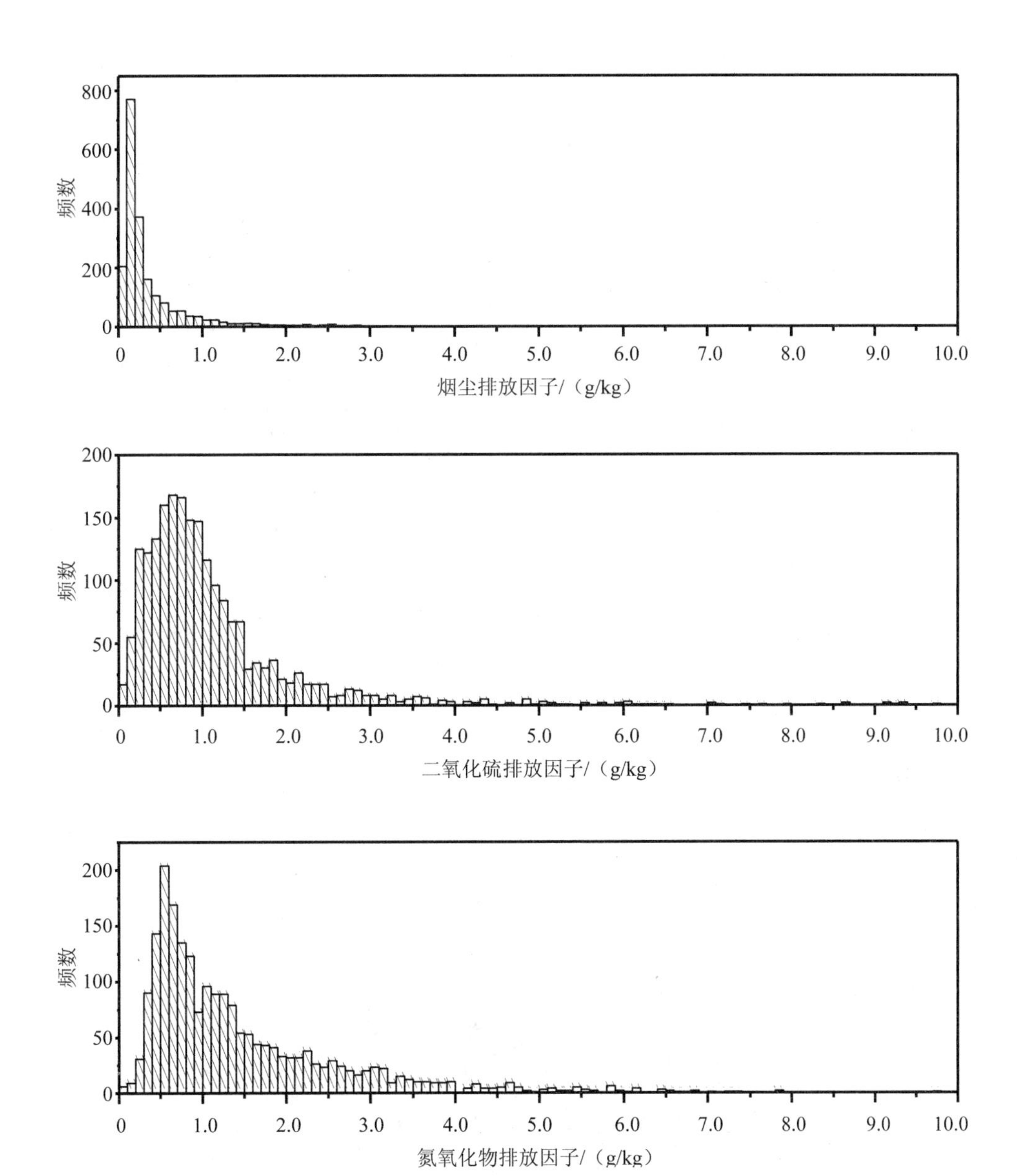

图 7-2　基于在线监测分析得出的燃煤电厂排放因子分布

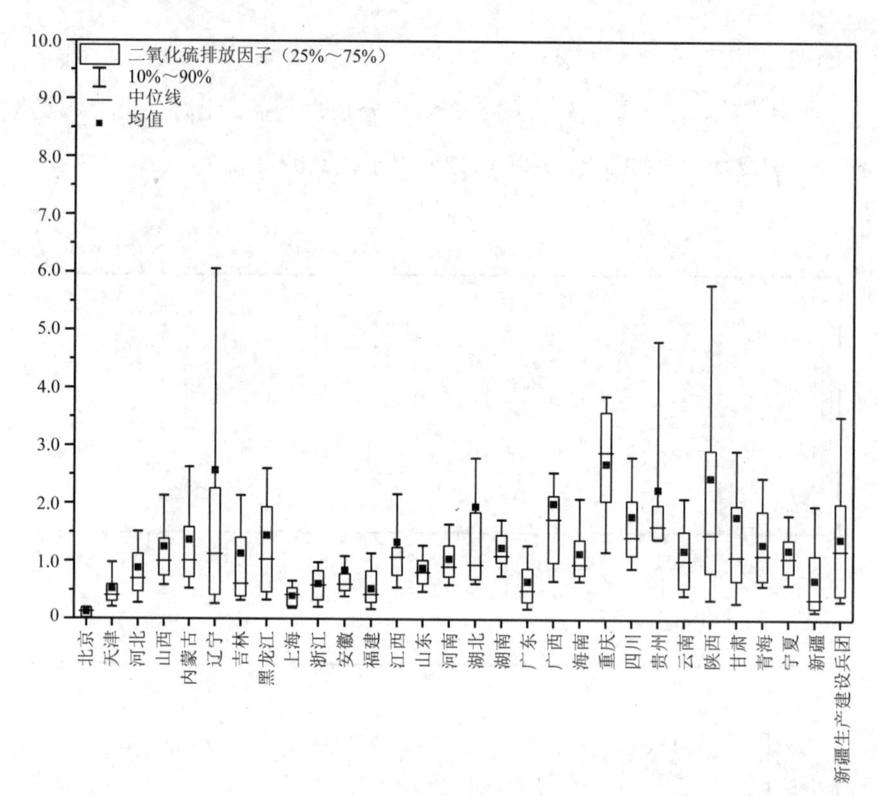

（a）SO_2 排放因子

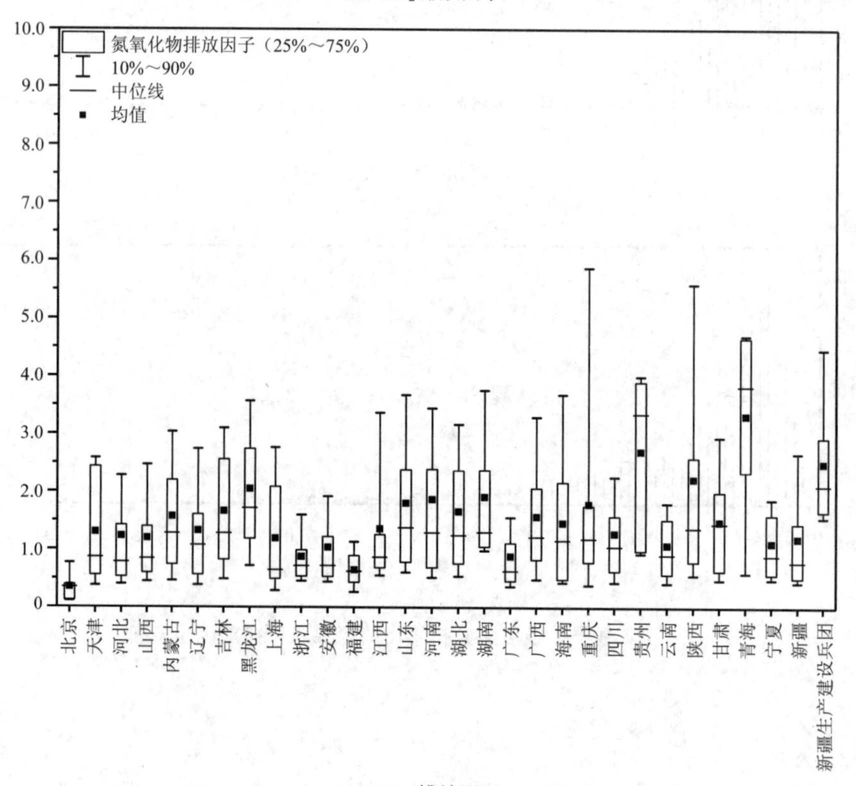

（b）NO_x 排放因子

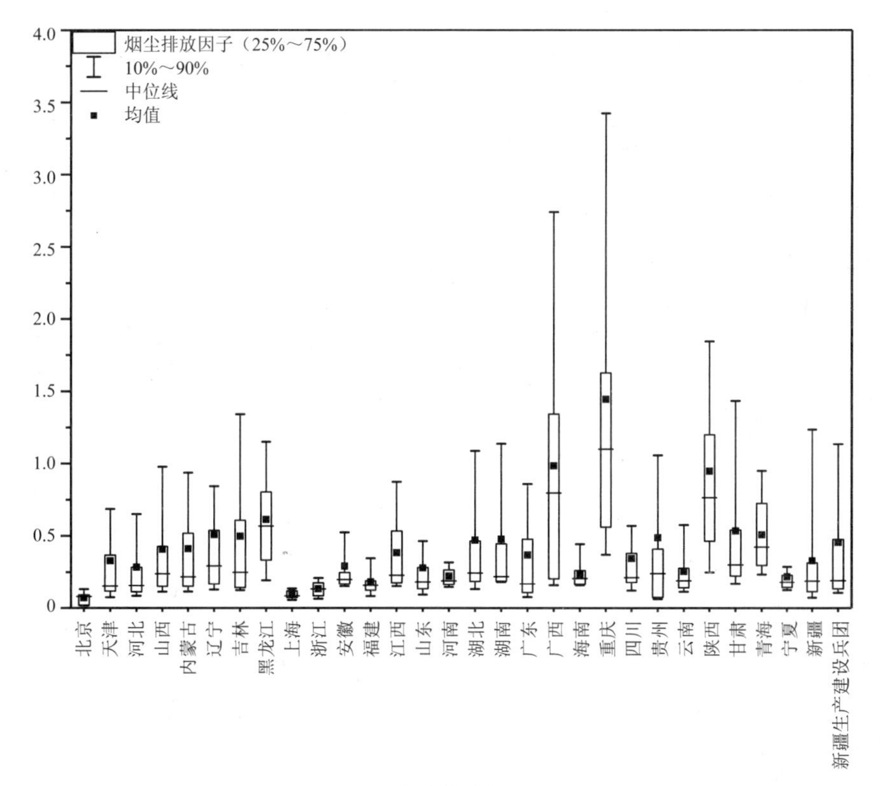

（c）烟尘排放因子

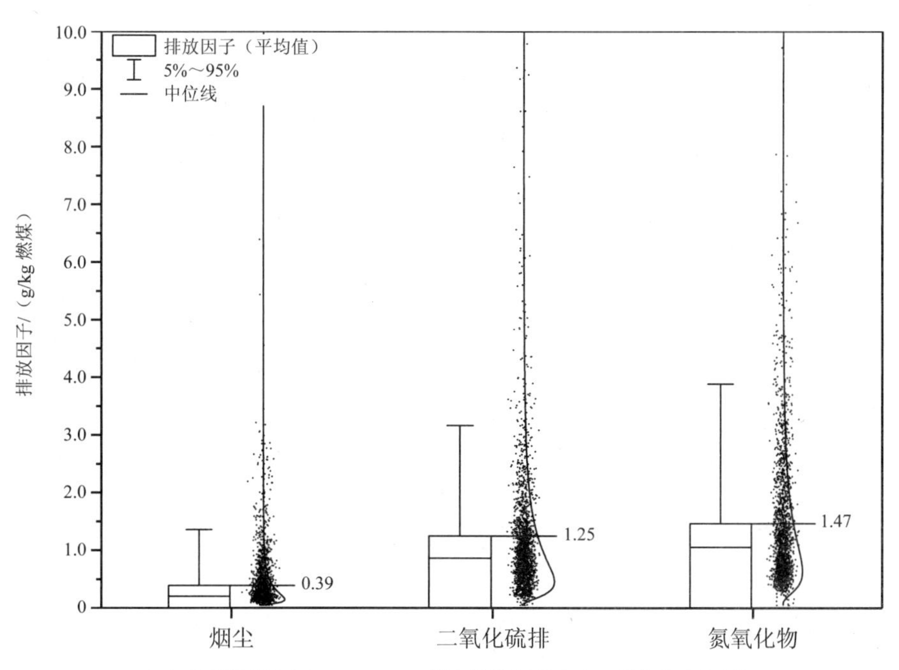

（d）我国燃煤电厂 SO_2、NO_x、烟尘排放因子分布（平均值直方图）

图 7-3　基于在线监测分析得出的燃煤电厂排放因子分布

表 7-2 “煤电”污染物的平均排放因子（年均） 单位：g/kg

地区	烟尘		二氧化硫		氮氧化物	
	均值	95%置信区间	均值	95%置信区间	均值	95%置信区间
北京	0.07	0.03～0.11	0.11	0.04～0.18	0.35	0.15～0.55
天津	0.33	0.19～0.47	0.53	0.38～0.68	1.3	0.95～1.66
河北	0.28	0.22～0.35	0.88	0.74～1.03	1.23	0.98～1.48
山西	0.41	0.32～0.49	1.25	1.1～1.39	1.2	1.04～1.35
内蒙古	0.41	0.35～0.47	1.37	1.2～1.54	1.57	1.42～1.72
辽宁	0.51	0.37～0.65	2.56	1.74～3.39	1.33	1.15～1.5
吉林	0.5	0.36～0.64	1.13	0.8～1.46	1.66	1.38～1.94
黑龙江	0.61	0.53～0.7	1.44	1.03～1.86	2.05	1.78～2.31
上海	0.1	0.08～0.12	0.4	0.33～0.47	1.19	0.84～1.54
浙江	0.13	0.12～0.14	0.61	0.55～0.68	0.87	0.77～0.97
安徽	0.29	0.22～0.37	0.85	0.64～1.05	1.03	0.84～1.23
福建	0.18	0.15～0.21	0.53	0.43～0.64	0.65	0.56～0.74
江西	0.38	0.27～0.5	1.34	0.91～1.76	1.35	0.93～1.78
山东	0.28	0.23～0.32	0.89	0.82～0.95	1.8	1.64～1.96
河南	0.22	0.21～0.24	1.05	0.97～1.12	1.87	1.41～2.33
湖北	0.47	0.3～0.64	1.95	1.08～2.82	1.66	1.31～2
湖南	0.48	0.26～0.7	1.24	1.07～1.41	1.91	1.47～2.35
广东	0.37	0.28～0.45	0.66	0.57～0.75	0.89	0.75～1.02
广西	0.98	0.64～1.33	2	1.18～2.83	1.57	1.11～2.03
海南	0.23	0.14～0.32	1.14	0.69～1.6	1.46	0.38～2.54
重庆	1.45	0.85～2.05	2.69	2.22～3.16	1.78	0.93～2.64
四川	0.34	0.21～0.48	1.79	1.37～2.2	1.28	0.96～1.59
贵州	0.49	-0.02～0.99	2.25	1.25～3.25	2.7	1.82～3.58
云南	0.26	0.18～0.33	1.2	0.9～1.49	1.08	0.84～1.31
陕西	0.95	0.81～1.09	2.45	1.78～3.12	2.22	1.8～2.63
甘肃	0.53	0.36～0.71	1.78	0.79～2.77	1.48	1.16～1.8
青海	0.51	0.22～0.8	1.31	0.51～2.1	3.32	1.65～4.98
宁夏	0.22	0.18～0.26	1.21	0.98～1.44	1.11	0.92～1.31
新疆	0.33	0.2～0.46	0.69	0.45～0.93	1.19	0.87～1.52
新疆生产建设兵团	0.46	0.11～0.8	1.4	0.8～2.01	2.49	1.91～3.08
全国	0.39	0.37～0.42	1.25	1.17～1.33	1.47	1.41～1.53

2011 年起，火电行业排放提标，“倒逼”企业进行烟气治理技术升级，湿法脱硫的大面积普及，促使我国火电行业的 SO_2 排放控制水平有了长足的进步，对我国火电行业烟气 SO_2 治理有明显的改善。同时，NO_x 排放控制趋严，火电企业普遍进行了机组的低氮改造，氮氧化物排放因子出现明显下降（相较于 2010 年）。在线监测对颗粒物粒径没

有区分，本研究默认在线监测所检出颗粒物均为 PM_{10}，通过与相关参考文献所得出 2010 年火电企业的排放因子均值水平相比，出现显著降低，GB 13223—2011 给出的烟尘排放标准为 30 mg/m^3，相较于 GB 13223—2003 给出的第三时段 50～200 mg/m^3 的标准有了大幅度的提升，且部分机组开始执行 20 mg/m^3 的特别排放限值以及 10 mg/m^3 的超低排放限值，这些对烟尘排放的控制都起到了显著效果。

7.2.3 非燃煤发电机组的排放因子

本研究根据全国火电在线监测数据，对不同燃料类型的火电排放因子进行了分析，由于样本不足，存在误差较大，本研究并未采取分省统计形式，结果如表 7-3 所示。不同燃料之间的理论烟气量差别较大，故未做相关对比分析。

表 7-3 不同燃料机组污染物的平均排放因子

燃料类型	二氧化硫		氮氧化物		烟尘	
	均值	95%置信区间	均值	95%置信区间	均值	95%置信区间
天然气/（g/m^3）	0.16	−0.02～0.35	0.54	0.07～1.02	0.07	0.01～0.14
矸石/（g/kg）	2.48	1.34～3.61	1.33	1.09～1.57	0.63	0.46～0.8
其他燃气/（g/m^3）	2.4	−6.33～11.14	2.76	−4.37～9.9	0.46	−0.15～1.07
其他燃料/（g/kg）	0.78	−1.78～3.33	0.84	0.63～1.06	0.24	−0.45～0.93

7.2.4 2014 年中国火电排放绩效值及排放量

根据在线监测数据所得的排放因子及相关部门获得的活动水平数据，本研究对 2014 年全国火电行业的大气常规污染物排放量及排放绩效值进行粗略估算，结果显示（表 7-4），烟尘、SO_2、NO_x 平均排放绩效值分别为 0.22 g/（kW·h）、0.69 g/（kW·h）、0.77 g/（kW·h），不同区域的排放绩效有一定的差异。烟尘、SO_2、NO_x 排放绩效值范围分别为 0.04～1.02 g/（kW·h）、0.06～1.66 g/（kW·h）、0.19～2.15 g/（kW·h）。

表 7-4 各省火电大气污染物排放量

地区	烟尘		二氧化硫		氮氧化物	
	排放量/（万 t/a）	绩效值/[g/（kW·h）]	排放量/（万 t/a）	绩效值/[g/（kW·h）]	排放量/（万 t/a）	绩效值/[g/（kW·h）]
北京	0.12	0.04	0.19	0.06	0.59	0.19
天津	1.15	0.2	1.77	0.31	3.34	0.58

地区	烟尘		二氧化硫		氮氧化物	
	排放量/（万 t/a）	绩效值/[g/（kW·h）]	排放量/（万 t/a）	绩效值/[g/（kW·h）]	排放量/（万 t/a）	绩效值/[g/（kW·h）]
河北	3.61	0.17	10.28	0.48	14.27	0.66
山西	6.12	0.24	16.31	0.65	15.57	0.62
内蒙古	9.38	0.27	31.72	0.93	32.74	0.96
辽宁	5.6	0.42	22.26	1.66	14.18	1.06
吉林	3.73	0.61	6.1	1	8.99	1.48
黑龙江	3.9	0.5	8.52	1.08	12.49	1.59
上海	0.38	0.05	1.59	0.2	3.5	0.45
江苏	2.57	0.06	12.38	0.31	22.65	0.57
浙江	1.52	0.07	7.92	0.34	11.16	0.48
安徽	2.47	0.13	6.82	0.36	9.1	0.48
福建	1.06	0.09	2.94	0.24	3.8	0.31
江西	1.71	0.25	5.34	0.77	4.83	0.7
山东	6.86	0.17	24.43	0.6	39.74	0.98
河南	2.84	0.11	12.79	0.5	20.34	0.79
湖北	2.1	0.23	7.79	0.84	7.04	0.76
湖南	1.85	0.26	5.36	0.74	6.62	0.92
广东	6.16	0.21	9.32	0.32	12.49	0.43
广西	5.77	1.02	8.07	1.42	5.91	1.04
海南	0.25	0.12	1.22	0.58	1.55	0.74
重庆	3.4	0.82	7.56	1.82	4.87	1.17
四川	1.02	0.19	6.21	1.18	4.48	0.85
贵州	4.03	0.41	18.2	1.83	14.67	1.48
云南	0.69	0.19	3.61	0.98	2.73	0.74
陕西	6.16	0.42	17.24	1.18	15.09	1.03
甘肃	2.18	0.3	6.11	0.84	7.06	0.97
青海	0.47	0.36	0.86	0.66	2.81	2.15
宁夏	1.23	0.11	6.55	0.6	6.15	0.56
新疆	3.39	0.29	15.2	1.29	7.46	0.64
新疆生产建设兵团	1.04	0.23	3.15	0.7	6.08	1.34
全国	92.76	0.22	287.81	0.69	322.30	0.77

2014 年，全国火电烟尘、SO_2、NO_x 排放量分别为 92.76 万 t/a、287.81 万 t/a、322.30 万 t/a。污染物排放量空间分布与在线监测排放浓度的分布存在一定的差异，排放量高值区依然为山东、江苏、内蒙古等火电活动水平较高的省份。即三大区域及邻近省份的排放浓度水平较低，但排放量相对较高，这些地区应当是下一阶段我国火电行业排放控制工作的重点区域。

7.2.5 不确定性分析

本研究使用的活动水平数据质量较好，活动水平的不确定性较低。结果的不确定性主要来源于两个方面，一是采用在线监测数据对全国火电排放浓度进行分析，数据样本存在一定的不确定性，对于部分数据样本较少的省份，结果可能存在较大的偏差；二是对于燃煤机组的排放因子估算使用燃煤低位发热值计算理论干烟气量，与实际工况存在一定差异。

7.3 结论

①本研究发现全国各省火电烟尘、SO_2、NO_x 平均排放浓度范围为 8.1～171.3 mg/m^3、13.15～385.39 mg/m^3、40.17～392.07 mg/m^3。京津冀、长三角、珠三角地区火电企业的二氧化硫、氮氧化物排污许可浓度限值较严格，西部、东北地区的二氧化硫、氮氧化物排污许可浓度限值较宽松。

②中国燃煤发电 SO_2、NO_x、烟尘排放因子平均值分别为 1.25 g/kg、1.47 g/kg、0.39 g/kg，全国火电 SO_2、NO_x、PM_{10} 排放量分别为 287.78 万 t/a、322.39 万 t/a、92.77 万 t/a。烟尘、SO_2、NO_x 排放绩效值范围分别为 0.04～1.02 g/(kW·h)，0.06～1.66 g/(kW·h)，0.19～2.15 g/（kW·h）。

③三类常规污染物排放浓度的空间分布具有较为明显的地区差异，经济较为发达的三大区域，排放浓度均值明显低于其他地区，高值区主要集中在东北地区以及西南地区；污染物排放量空间分布与在线监测排放浓度的分布不同，排放主要集中在活动水平相对较高的三大区域及邻近地区，虽然这些地区排放控制水平已全国领先，但依然是我国火电行业排放控制工作需要着重关心的重点区域。

第 8 章

高时空火电排放清单评估与减排控制策略评估

本章基于作者开发的 2011 年、2014 年高分辨率京津冀地区火电清单，利用气象模式 WRF 生成中尺度气象数据，采用 CALPUFF 空气质量模式定量评估 2011 年、2014 年京津冀地区火电行业排放污染物对于区域大气环境的影响。

8.1 2011 年、2014 年京津冀火电排放情况

近年来，随着京津冀地区经济快速发展，能源消耗量、污染物排放量持续增长，给区域环境带来巨大压力。2013 年京津冀地区北京、天津、石家庄、唐山、邯郸等主要城市 $PM_{2.5}$ 监测数据均出现“爆表”现象，大气污染问题形势十分严峻。

目前，研究者对京津冀地区大气污染成因开展一系列研究。基于历史排放数据、统计年鉴或卫星影像资料等方法估算污染源排放量。另外，郝吉明等研究结果表明 1999 年、2000 年北京电厂 SO_2 排放量均占当年总量 49%，而对北京浓度贡献率分别为 8%、5.3%；颜鹏等（2006）研究结果表明，2001 年北京工业点源对北京 SO_2 浓度贡献率为 3%，北京地区工业点源排放量虽然占总量较大，但对当地的大气污染物浓度贡献较小。2011 年京津冀地区火电行业装机容量总计为 5 407 万 kW，SO_2、NO_x、PM_{10} 排放量分别占京津冀污染物总量的 25.02%、39.55%、5.73%，而目前尚无研究对京津冀地区火电企业大气污染影响加以分析。为了定量弄清京津冀地区火电企业大气污染情况，本研究以在线监测（CEMS）、环评、验收等火电排放数据为基础，自下而上编制京津冀火电企业排放清单，利用气象模式 WRF 生成中尺度气象数据，采用 CALPUFF 空气质量模式模拟了不同情境下京津冀地区火电企业排放 SO_2、NO_x、一次 PM_{10}，以及二次生成 SO_4^{2-}、NO_3^-等污染情况。

8.1.1　研究区域

本研究范围包括北京、天津 2 个直辖市和河北的石家庄、唐山、邯郸、邢台、衡水、沧州、张家口、承德、秦皇岛、廊坊、保定全部 11 个地市，东西长 600 km，南北宽 800 km，总面积 48 万 km^2（图 8-1）。

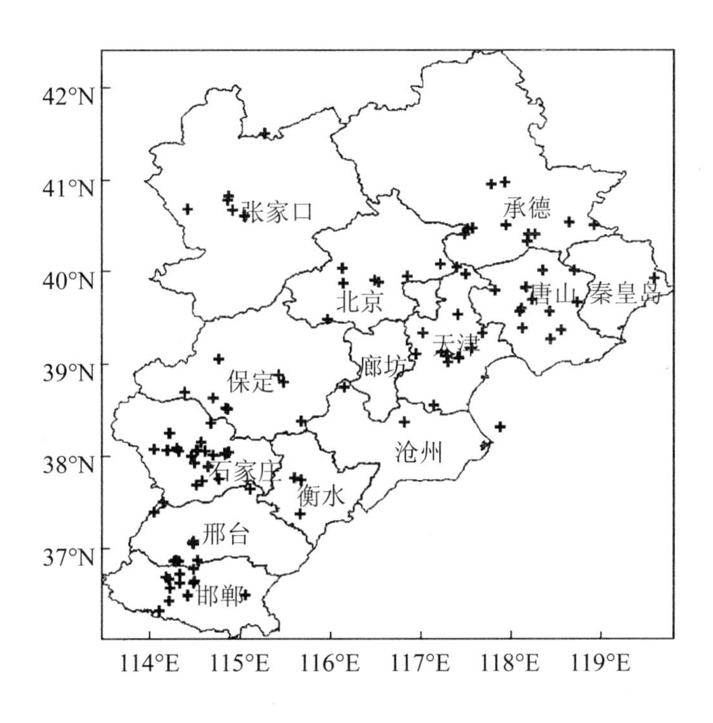

图 8-1　京津冀火电厂分布

8.1.2　2011 年、2014 年火电清单情况

2011 年、2014 年京津冀地区火电排放清单均为本研究团队的产品，具体编制方法见第 7 章。

纳入 2011 年京津冀地区火电排放清单的企业共计 123 家(图 8-1)，装机容量为 5 230 万 kW，中国电力行业年度发展报告显示 2011 年京津冀火电装机容量为 5 407 万 kW。本研究清单各污染物年排放量与 INTEX-B、中国环境统计年报的比较结果见表 8-1，各城市火电企业排口以及污染物排放情况见表 8-2。本研究统计结果与其他研究的结果存在部分差异，主要是因为本研究的清单（BTH-Power Plant v1.0）是自下而上编制的，大气排放数据主要来自企业在线监测系统，而其他研究的清单主要为自上而下编制，大气排放数据主要考虑燃料消耗、排放因子等因素，另外基准年不同也是其中一个原因（如INTEX-B为2006年）。

纳入2014年京津冀地区火电排放清单的机组共计418台，装机容量为5 966万kW。各污染物年排放量见表8-1，各城市火电企业排口以及污染物排放情况见表8-2。

表8-1　2011年、2014年京津冀火电清单比较情况　　单位：万t/a

名称	SO_2排放量	NO_x排放量	烟粉尘排放量
INTEX-B（2006年）	177.11	83.96	20.17
环境统计年报（2011年）	43.56	92.87	8.39
京津冀清单（2011年）	39.51	74.83	15.71
京津冀清单（2014年）	12.20	18.15	4.86

表8-2　2011年、2014京津冀各城市火电厂排放情况　　单位：万t/a

名称	2011年				2014年			
	SO_2	NO_x	烟尘	排口数量	SO_2	NO_x	烟尘	排口数量
北京	0.79	1.61	0.09	10	0.19	0.59	0.12	31
天津	2.30	8.46	0.64	42	1.77	3.34	1.15	58
石家庄	6.37	14.88	6.00	56	3.13	4.64	1.17	65
唐山	5.07	10.73	1.12	33	1.82	2.17	0.59	56
秦皇岛	1.26	2.72	0.26	9	0.54	0.60	0.10	13
邯郸	10.20	10.34	3.57	38	1.66	2.76	0.43	73
邢台	2.65	5.38	0.77	22	0.72	1.15	0.20	28
保定	4.42	5.46	1.59	14	0.29	0.45	0.15	12
张家口	2.22	5.04	0.74	15	0.96	1.22	0.57	15
承德	0.81	1.91	0.35	9	0.23	0.20	0.07	8
沧州	1.33	4.41	0.07	7	0.45	0.58	0.19	11
廊坊	0.93	1.66	0.14	4	0.06	0.24	0.04	4
衡水	1.15	2.23	0.37	6	0.39	0.22	0.08	6
合计	39.50	74.83	15.71	265	12.2	18.15	4.86	380

8.2 预测模型及参数

8.2.1 模型介绍

CALPUFF模式系统是美国环保局推荐的用于模拟污染物输送、转化的法规模式，也是中国大气环境影响评价的法规模式之一，模式为非稳态三维拉格朗日烟团模式，结合时空变化的气象场条件，考虑了复杂地形动力学效应以及静风等非稳态条件，CALPUFF 在国内外区域大气污染模拟领域已得到了广泛的应用。CALPUFF 模式系统主要包括 CALMET 气象模式、CALPUFF 扩散模式以及一系列前/后处理程序。CALMET 模式可利用地形、土地类型、气象观测数据以及中尺度气象模式数据，生成扩散模式 CALPUFF 所需的三维气象场，包括风场、温度场等。常用的中尺度气象模式有 MM5 和 WRF，其中 WRF 为代表着最新技术的下一代气象模式，WRF 可利用地形、土地类型、气象观测数据以及全球气象初始场数据，预测更高时空分辨率的气象场。CALPUFF 模式利用 CALMET 产生的气象场，模拟污染源排放污染物的输送、扩散、沉降等过程。

CALPUFF 模式中的化学转化过程为线性，用于计算化学反应生成硫酸盐和硝酸盐的化学机制有 MESOPUFF Ⅱ和 RIVAD3/ARM3。这两种化学机制均需使用臭氧和 NH_3，结合 SO_2 和 NO_x 浓度以及气象条件，计算小时变化的转化速率及化学平衡常数。MESOPUFF Ⅱ化学机制包含 SO_2 转化成 SO_4^{2-}、NO_x 转化成 NO_3^- 的化学过程，该转化可在气相和液相反应中发生。该机制中，使用臭氧替代羟基自由基只在白天适用，夜间 SO_2 和 NO_x 的转化取决于多相反应，反应速率远远低于白天，转化速率分别采用模式默认值 0.2%和 2.0%。RIVAD3/ARM3 假定挥发性有机物的背景浓度较低，适用于相对清洁的非市区，该化学机制中硫酸盐和硝酸盐的生成速率可通过计算羟基自由基的稳定度来估算，它不能准确估算 SO_2 到硫酸盐的液相氧化，而是假定 SO_2 多相氧化速率为常数 0.2%。

8.2.2 模型参数设置

本研究选用 CALPUFF 扩散模式 6.42 版本和 WRF 气象模式（ARW3.2.1 版本）。模式均采用兰伯特投影，中央经纬度为 35.73°N，112.9141°E，第一标准纬线为 25°N，第二标准纬线为 47°N，北偏 3 955.691 km，东偏 673.113 km。区域内地形高度和土地利用类型等资料来自美国地质勘探局（USGS），其中地形数据精度为 90 m，土地利用类型数据精度为 1 km。地面气象数据、高空探测资料和降水资料都来自气象模式 WRF，并通过 CALWRF 转换程序转换 WRF 模式的输出结果，用于运行 CALMET 模式生成三维逐时气象场。CALMET 模式中垂直方向包含 10 层，顶层高度分别为 20 m、40 m、80 m、160 m、320 m、640 m、1 200 m、2 000 m、3 000 m、4 000 m，水平网格分辨率为 10 km，东西向 60 个格点，南北向 80 个格点。CALPUFF 模式中采用 MESOPUFF Ⅱ化学机制，模拟污染物为 SO_2、NO_x、SO_4^{2-}、NO_3^- 和 HNO_3。臭氧和 NH_3 月均浓度默认为 80×10^{-9}

和 10×10^{-9}。

CALPUFF 模式中各火电厂作为点源处理，需输入地理坐标、烟囱高度和烟囱内径，烟气出口速率和出口温度等信息，并结合在线监测数据，确定污染源排放速率的月变化系数，考虑各污染物的干湿沉降。计算时间步长按一小时考虑，本研究分别模拟火电厂 SO_2、NO_x、一次 PM_{10}，以及二次生成 SO_4^{2-}、NO_3^-的小时浓度、日均浓度、年均浓度。

注：（1）CALPUFF 中文教程及光盘：可搜索《CALPUFF 模型技术方法与应用》（ISBN：9787511127143）；

（2）CALPUFF 在线教程视频：https：//calpuff.ke.qq.com/。

8.3 结果与讨论

8.3.1 2011 年现状情况火电排放贡献影响

以 2011 年京津冀地区现有火电企业污染物排放为污染源，采用 CALPUFF 模式对研究区域内的各污染物浓度时空分布进行模拟，得出研究区域内 SO_2、NO_x、一次 PM_{10}、SO_4^{2-}、NO_3^-年均质量浓度分布，见图 8-2。研究区域内 SO_2、NO_x 小时最大浓度见图 8-3，对各城市污染物年均质量浓度贡献见表 8-3。从图 8-3、图 8-4、表 8-3 可以看出，SO_2、NO_x、一次 PM_{10}、SO_4^{2-}、NO_3^-年均最大浓度均出现在石家庄市，这与石家庄市各污染物排放量较大有较高的相关性，即本地污染源对年均浓度有较高的贡献；SO_2 小时高浓度区域出现在保定市、邯郸市、北京市、张家口市，NO_x 小时高浓度除了廊坊市、沧州市，其他城市均出现大面积小时高浓度区，另一方面，也说明了周边污染源对短期高浓度比对长期高浓度影响有更大的贡献。表 8-4 统计了由火电企业排放颗粒物前体物（SO_2、NO_x）生成的二次颗粒物（SO_4^{2-}、NO_3^-）浓度贡献占火电企业排放总 PM_{10} 浓度贡献比例，从模拟结果可以看出，京津冀火电企业排入各城市环境中总 PM_{10} 浓度中二次颗粒贡献比例为 50%以上，说明火电行业颗粒物对京津冀大部分地区主要以二次污染为主，二次颗粒物中又以硝酸盐比例较大。这与火电行业 NO_x 排放量较大有关外，还与 NO_x 较 SO_2 更容易被氧化有关。

表 8-3　2011 年京津冀火电厂对各城市污染物年均浓度的贡献　　单位：μg/m^3

城市	SO_2	NO_x	一次 PM_{10}	SO_4^{2-}	NO_3^-
北京	1.73	1.10	1.20	0.45	1.33
天津	1.86	1.71	1.07	0.44	1.54
石家庄	3.07	2.09	2.50	0.56	2.00
唐山	1.75	1.68	0.88	0.38	1.48
秦皇岛	1.34	1.17	0.66	0.31	1.16
邯郸	2.99	1.66	1.67	0.43	1.46
邢台	2.94	1.58	2.01	0.51	1.72
保定	2.39	1.21	2.01	0.54	1.65
张家口	0.61	0.75	0.40	0.11	0.36
承德	0.86	0.84	0.54	0.22	0.66
沧州	1.39	0.72	0.94	0.35	1.18
廊坊	2.05	1.10	1.36	0.51	1.57
衡水	2.01	0.90	1.46	0.44	1.39

表 8-4　2011 年火电企业排入各城市环境中总 PM_{10} 浓度中二次颗粒的组分比例　　单位：%

城市	硫酸盐	硝酸盐	硫酸盐+硝酸盐
北京	15.14	44.58	59.71
天津	14.27	50.59	64.86
石家庄	11.13	39.45	50.59
唐山	13.95	53.83	67.78
秦皇岛	14.42	54.56	68.98
邯郸	12.04	41.03	53.08
邢台	12.10	40.44	52.54
保定	12.77	39.38	52.15
张家口	12.95	41.47	54.42
承德	15.57	46.49	62.06
沧州	14.31	47.74	62.06
廊坊	14.84	45.62	60.46
衡水	13.26	42.32	55.58

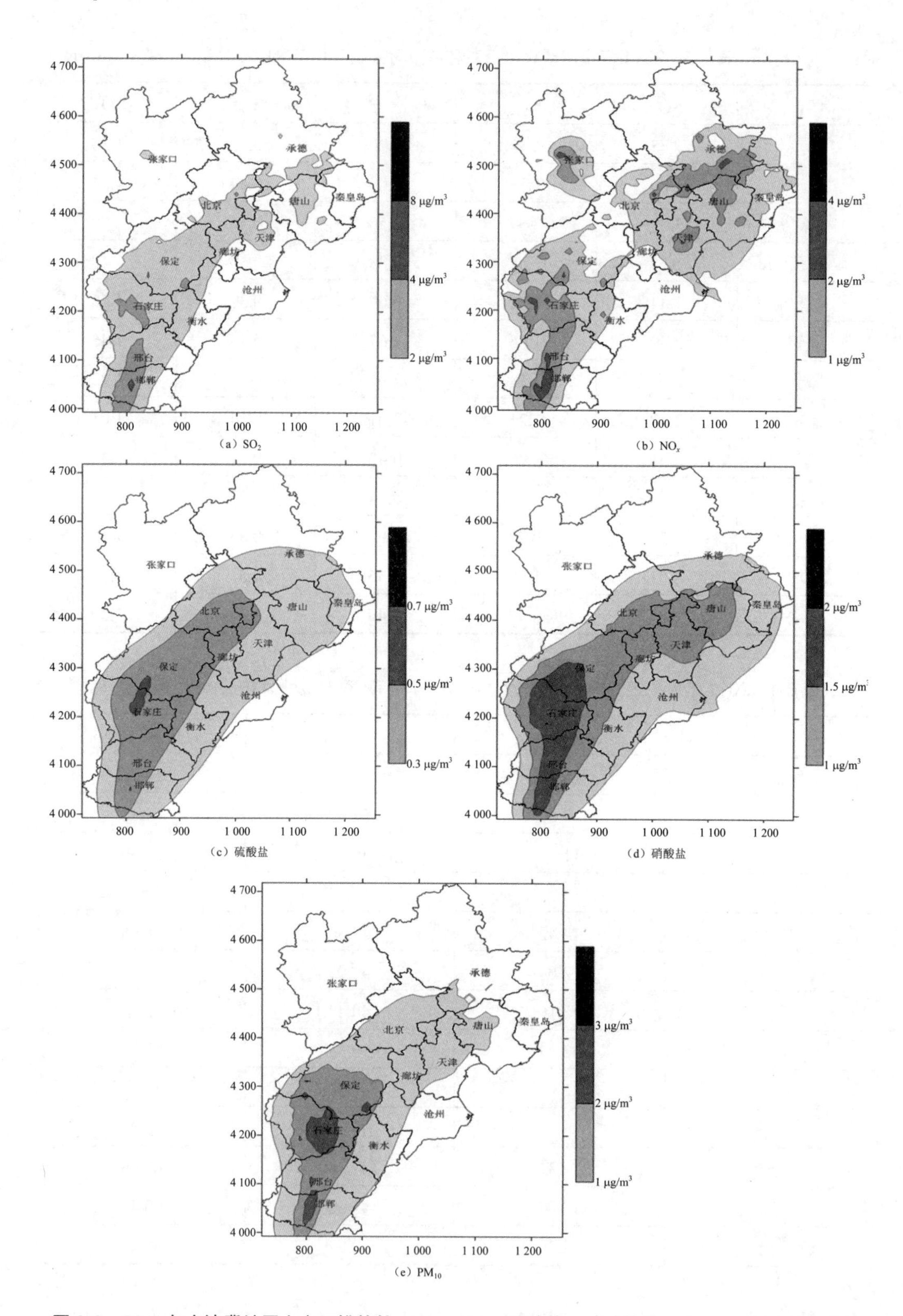

图 8-2　2011 年京津冀地区火电厂排放的 SO_2、NO_x、硫酸盐、硝酸盐及一次 PM_{10} 年均浓度分布

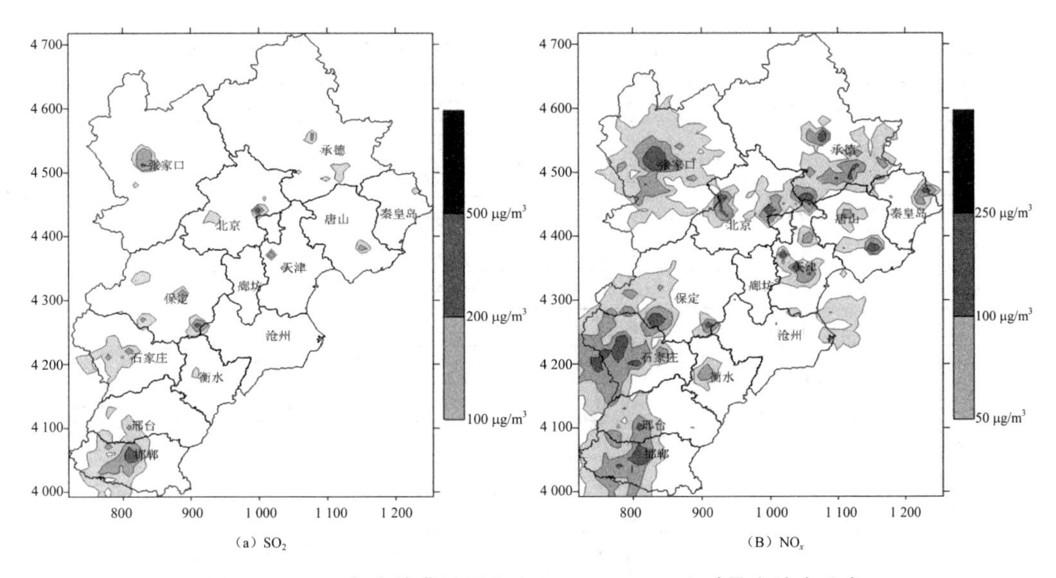

图 8-3 2011 年京津冀地区火电厂 SO_2、NO_x 小时最大浓度分布

8.3.2 2011 年现状监测值贡献对比

2011 年选取城市所在地网格的污染物年均浓度贡献值与该城市的监测值进行对比（表 8-5、表 8-6），可以看到火电企业对城市污染物年均贡献值远小于监测值。

表 8-5 2011 年京津冀火电污染预测浓度与监测浓度对比

城市	SO_2 年均浓度			NO_x 年均浓度			PM_{10} 年均浓度		
	预测/（μg/m³）	监测/（μg/m³）	比例/%	预测/（μg/m³）	监测/（μg/m³）	比例/%	预测/（μg/m³）	监测/（μg/m³）	比例/%
北京	1.73	28	6.18	1.10	55	2.00	2.97	114	2.61
天津	1.86	42	4.42	1.71	38	4.49	3.05	93	3.28
石家庄	3.07	51	6.02	2.09	41	5.11	5.06	99	5.11
唐山	1.75	55	3.18	1.68	29	5.79	2.75	81	3.39
秦皇岛	1.34	—	—	1.17	—	—	2.13	—	—
邯郸	2.99	—	—	1.66	—	—	3.56	—	—
邢台	2.94	43	6.85	1.58	24	6.60	4.24	81	5.24
保定	2.39	—	—	1.21	—	—	4.20	—	—
张家口	0.61	—	—	0.75	—	—	0.87	—	—
承德	0.86	45	1.92	0.84	35	2.40	1.42	55	2.58
沧州	1.39	—	—	0.72	—	—	2.48	—	—
廊坊	2.05	38	5.39	1.10	26	4.22	3.43	76	4.52
衡水	2.01	39	5.16	0.90	23	3.93	3.28	81	4.06

表 8-6　采取减排措施后 2011 年京津冀火电企业对各城市污染物年均浓度贡献　　单位：μg/m³

城市	SO_2	NO_x	PM_{10}	SO_4^{2-}	NO_3^-
北京	1.06	0.26	0.36	0.29	0.35
天津	1.28	0.43	0.38	0.29	0.41
石家庄	2.01	0.54	0.63	0.37	0.55
唐山	1.35	0.41	0.34	0.27	0.40
秦皇岛	1.07	0.30	0.26	0.22	0.31
邯郸	1.60	0.36	0.44	0.26	0.38
邢台	1.78	0.39	0.52	0.32	0.46
保定	1.44	0.30	0.48	0.34	0.43
张家口	0.53	0.20	0.13	0.08	0.10
承德	0.66	0.23	0.19	0.15	0.18
沧州	0.90	0.19	0.27	0.23	0.32
廊坊	1.25	0.27	0.39	0.33	0.42
衡水	1.23	0.23	0.36	0.28	0.37

火电企业对各城市 SO_2、NO_x、PM_{10} 年均最大贡献浓度占背景浓度比例分别为 1.92%～6.85%、2.00%～6.60%、2.61%～5.24%。京津冀地区火电行业 SO_2、NO_x、PM_{10} 排放量分别占京津冀污染物总量的 25.02%、39.55%、5.73%，SO_2、NO_x、PM_{10} 年均浓度占背景监测值浓度较小，比例范围仅为 1.92%～6.85%，这与其他研究成果类似。

8.3.3　2014 年现状情况火电排放贡献影响

以 2014 年京津冀地区现有火电企业污染物排放为污染源，采用 CALPUFF 模式对研究区域内的各污染物浓度时空分布进行模拟，得出研究区域内 SO_2、NO_x、一次 PM_{10}、SO_4^{2-}、NO_3^-年均质量浓度分布，见图 8-4。研究区域内 SO_2、NO_x 小时最大浓度见图 8-5，对各城市污染物年均质量浓度贡献见表 8-7。

表 8-7　2014 年京津冀火电厂对各城市污染物年均浓度的贡献　　单位：μg/m³

城市	SO_2	NO_x	PM_{10}	SO_4^{2-}	NO_3^-
北京	0.45	0.27	0.37	0.12	0.29
天津	0.82	0.62	0.59	0.15	0.40
石家庄	1.28	0.78	0.63	0.18	0.57
唐山	0.99	0.70	0.55	0.14	0.37
秦皇岛	0.74	0.47	0.38	0.11	0.27
邯郸	0.91	0.66	0.40	0.12	0.40
邢台	0.88	0.52	0.43	0.14	0.44

城市	SO_2	NO_x	PM_{10}	SO_4^{2-}	NO_3^-
保定	0.69	0.30	0.43	0.16	0.40
张家口	0.24	0.18	0.18	0.03	0.07
承德	0.20	0.10	0.18	0.06	0.12
沧州	0.50	0.22	0.34	0.11	0.31
廊坊	0.62	0.30	0.45	0.16	0.39
衡水	0.58	0.21	0.33	0.13	0.34

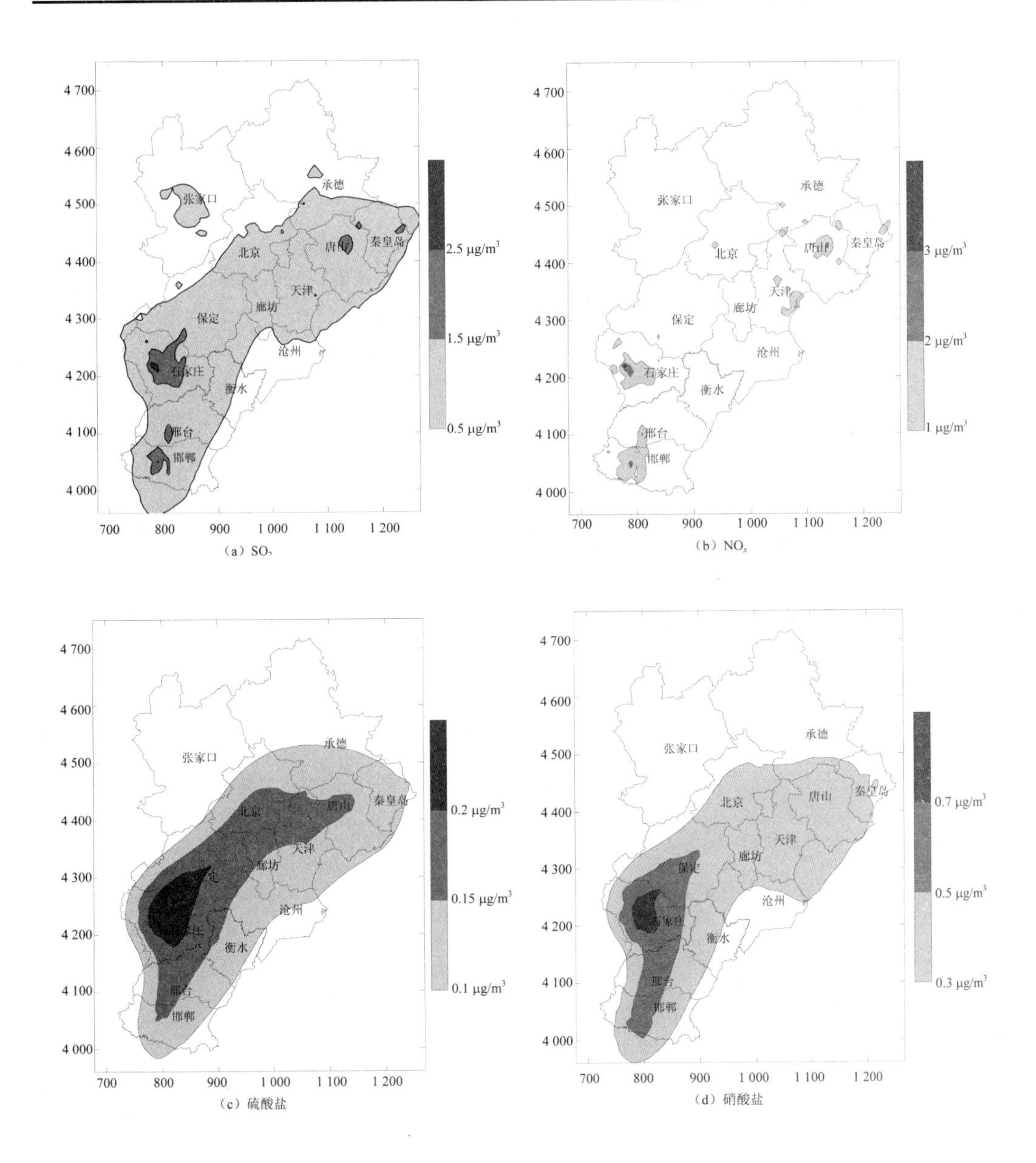

（a）SO_2　（b）NO_x　（c）硫酸盐　（d）硝酸盐

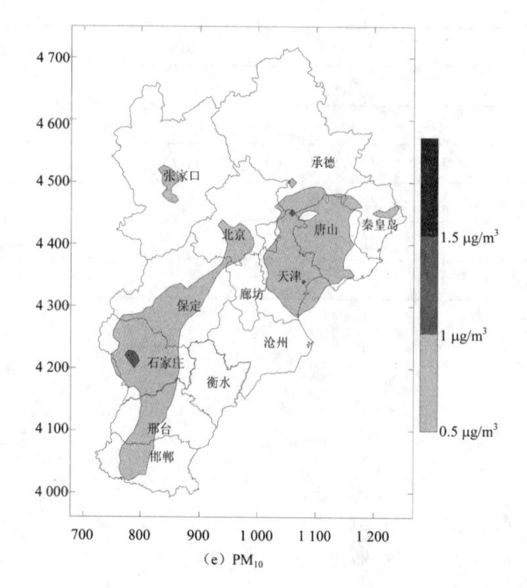

图 8-4 2014 年京津冀地区火电厂排放的 SO_2、NO_x、硫酸盐、硝酸盐及一次 PM_{10} 年均浓度分布

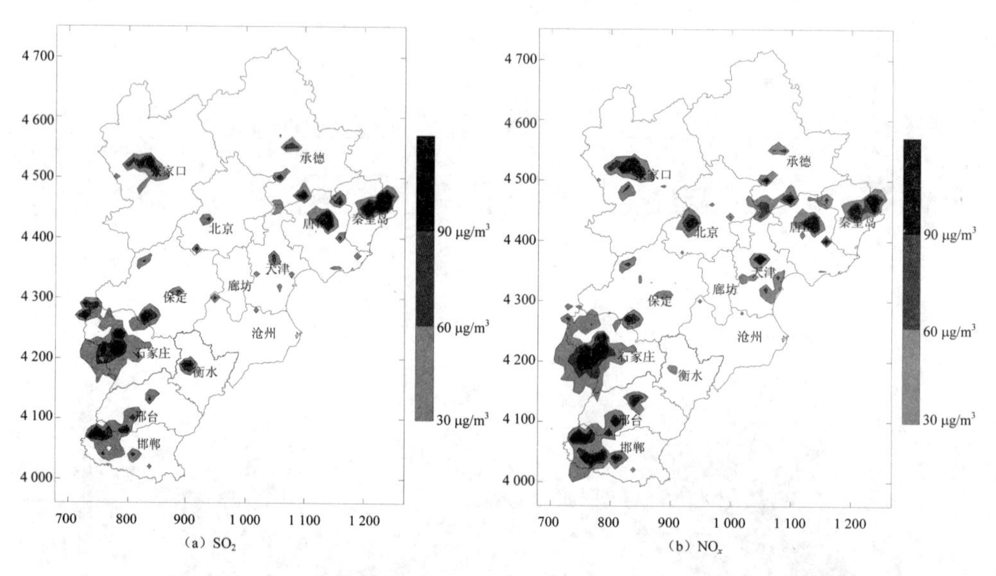

图 8-5 2014 年京津冀地区火电厂 SO_2、NO_x 小时最大浓度分布

8.3.4 2014 年现状监测值贡献对比

2014 年选取城市所在地网格的污染物年均浓度贡献值与该城市的监测值进行对比（表 8-8），可以看到火电企业对城市污染物年均贡献值远小于监测值。

火电企业对各城市 SO_2、NO_x、PM_{10} 年均最大贡献浓度占背景浓度比例分别为 0.45%～2.06%、0.26%～1.44%、0.16%～0.44%。京津冀地区火电行业 SO_2、NO_x、PM_{10}

排放量分别占京津冀污染物总量的 25.02%、39.55%、5.73%，SO_2、NO_x、PM_{10} 年均浓度占背景监测值浓度较小，比例范围仅为 0.16%～2.06%。

表 8-8　2014 年京津冀火电污染预测浓度与监测浓度对比

城市	SO_2 年均浓度			NO_x 年均浓度			PM_{10} 年均浓度		
	预测/(μg/m³)	监测/(μg/m³)	比例/%	预测/(μg/m³)	监测/(μg/m³)	比例/%	预测/(μg/m³)	监测/(μg/m³)	比例/%
北京	0.45	21.8	2.06	0.27	56.7	0.48	0.37	115.8	0.32
天津	0.82	49	1.67	0.62	54	1.15	0.59	133	0.44
石家庄	1.28	64	2.00	0.78	54	1.44	0.63	216	0.29
唐山	0.99	73	1.36	0.70	60	1.17	0.55	163	0.34
秦皇岛	0.74	54	1.37	0.47	49	0.96	0.38	114	0.33
邯郸	0.91	57	1.60	0.66	52	1.27	0.40	187	0.21
邢台	0.88	75	1.17	0.52	62	0.84	0.43	235	0.18
保定	0.69	67	1.03	0.30	55	0.55	0.43	224	0.19
张家口	0.24	53	0.45	0.18	29	0.62	0.18	78	0.23
承德	0.2	40	0.50	0.10	39	0.26	0.18	111	0.16
沧州	0.5	40	1.25	0.22	33	0.67	0.34	138	0.25
廊坊	0.62	36	1.72	0.30	49	0.61	0.45	159	0.28
衡水	0.58	42	1.38	0.21	43	0.49	0.33	192	0.17

8.4　结论

2011 年火电企业对各城市 SO_2、NO_x、PM_{10} 年均最大贡献浓度占背景浓度比例分别为 1.92%～6.85%、2.00%～6.60%、2.61%～5.24%；2014 年火电企业对各城市 SO_2、NO_x、PM_{10} 年均最大贡献浓度占背景浓度比例分别为 0.45%～2.06%、0.26%～1.44%、0.16%～0.44%。这说明随着火电环保技术的提高、标准的加严、超低改造的推广，京津冀地区火电企业对大气污染物的贡献比例不断下降。

当京津冀地区火电企业超低改造全面完成时，火电行业对京津冀大气污染的贡献比例将更低，未来的大气污染防治、超低改造等工作将从火电行业转向非电行业。

建议进一步开展重点区域（京津冀及周边、长三角、汾渭平原等）火电等企业大气污染研究课题，更新最新的火电等排放清单，结合数值模型，分析重点区域火电企业对 $PM_{2.5}$ 贡献情况，完成相关区域一行一策和一厂一策，为打赢蓝天保卫战、城市精准治霾、重污染天气应对等提供数据支持。

附表 1　清单编制方法及数据来源推荐

清单编制方法	关键数据 1			关键数据 2		关键数据 3		关键数据 4		关键数据 5[16]	
	数据指标		来源	数据指标	来源	数据指标	来源	数据字段	来源	数据字段	来源
排放因子法[1]	排放因子（单位：g/kg 煤、g/m³ 燃气、g/kWh 电、g/GJ 供热）	直接获取	文献调研（C）	燃料（种类）	环境影响评价数据（A）	生产设备及处理设备基本情况	行业调查数据（B）	活动水平数据——燃料消耗量或产品产量（发电及供热量）		污染源位置、高度、流速、烟温等空气质量模型需要的污染源排放信息要素	
			清单编制指南[3]（C）		环境统计数据（A）		实际调查获取（A）				
			《城市大气污染物排放清单技术手册》（B）		排污许可数据[9]（A）		环统数据（B）				
			《全国污染源普查工业污染源产排污系数手册》（C）		国家统计局数据[10]（A）		国家统计局数据（A）				
							排污许可证数据（A）		国家统计局（A）		
		间接获取[2]	排污许可排放浓度限值[4]（C）	通过煤质（热值、元素）导出烟气量[8]	环境影响评价数据（B）	—	—		能源局（A）		
			监督性监测[5]（B）		环境统计数据（B）				环境统计数据（A）		
			CEMS 浓度数据[5*]（A）		国家统计局数据（B）				排污许可数据（B）		
			现场实测[7]（A）		排污许可数据（B）				年鉴数据（C）		环境影响评价（A）
				直接获取烟气量	CEMS（C）						排污许可证（A）
					实测获取[11]（A）						环境统计数据[12]（B）

清单编制方法	关键数据 1		关键数据 2		关键数据 3		关键数据 4		关键数据 5[16]	
	数据指标	来源	数据指标	来源	数据指标	来源	数据字段	来源	数据字段	来源
物料衡算法	煤质信息（含硫量、灰分、元素分析数据等）	环境统计数据（A）	转化系数、污染物去除效率	根据生产设备及处理设备基本情况，查找清单编制指南或文献获取	生产设备及处理设备基本情况	行业调查数据（B）				CEMS（C）
		环境影响评价数据（B）				实际调查获取（A）				
		排污许可年报[13]（A）				环统数据（B）				
						国家统计局数据（A）				
		其他可靠信息				排污许可证数据（A）				
实测法[14]	CEMS 浓度数据（A）	通过数据有效性审核的在线监测数据[14]	在线监测废气排放量数据[15]	通过数据有效性审核的在线监测数据						
	监督性监测浓度数据（B）		单位工作时间废气排放量数据				年工作时长			
其他方法	根据燃料消耗量、燃料热值及单位时间的污染物排放量，得到单位热量的污染物排放量，结合全年燃料消耗所产生的总热量进行估算									

注：

（1）排放因子法适用于多种污染物排放清单编制，由于我国火电行业与国外排放因子差异较大，不建议采用 AP-42 系数或欧盟 EEA 推荐排放因子。

（2）与直接获取排放因子不同，间接获取主要是指采用具有代表性的污染物排放浓度特征值与单位活动水平烟气排放量推算排放因子的方法。

（3）清单编制指南指的是环境保护部近年来公开发布的清单编制指南，参考环境保护部 公告 2014 年第 92 号，2014 年第 55 号 文件。

（4）排污许可证排放浓度限值为上限值，电厂工程设计一般留有余量，计算时，建议该值乘以 0.8 后计为有效值。

（5）监督性监测数据为公开数据，参考《国家重点监控企业污染源监督性监测及信息公开办法（试行）》（环发〔2013〕81 号）。

（6）在线监测值获取应注意数据是否通过有效性审核，数据修约、审核、统计方法，参照《火电厂环境监测技术规范》（DL/T 414），《国家监控企业污染源自动监测数据有效性审核办法》（环发〔2009〕88 号），《固定污染源烟气（SO_2、NO_x、颗粒物）排放连续监测技术规范》（HJ/T 75—2017）等。

（7）现场监测方法及质量保证应符合《固定源废气监测技术规范》（HJ/T 397—2007），《火电厂环境监测技术规范》（DL/T 414）的要求。

（8）根据燃料信息、生产设备及处理设备基本情况等数据导出或实际测量得到的单位活动水平烟气排放量，标准状态干烟气量计算公式参考《火电厂环境统计指标》（DL/T 1264—2013）附录 B.1。

（9）排污许可的该类信息为全厂综合性统计数据，数据获取时应当注意审核，如用于空气质量模型，注意点源分配。

（10）国家统计局数据为非公开数据，以《火电厂环境统计标准》（DL/T 1264—2013）所述，纳入数据获取考虑途径。

（11）实测获取应参照相关采样、测试、分析标准，《固定污染源排气中颗粒物测定与气态污染物采样方法》（GB/T 16157—1996）等。

（12）当前环境统计数据仅包含该数据指标的部分要素。

（13）排污许可半年报、年报数据尚未开始填报，数据内容可参考《火电行业排污许可证申领与核发技术规范》（环水体〔2016〕189 号）。

（14）参考自《国控污染源排放口污染物排放量计算方法》（环办〔2011〕8 号）。

（15）应当注意废气量与浓度的折算。

（16）该数据指标为适用空气质量模型所考虑，若无此类需求，则可忽略。

（）内 A、B、C 为本书给定的数据质量评级，A 表示数据可信度最高，B 次之，C 最低。

附表2 DL/T 1264涉及的火电厂大气污染物排放部分统计指标

数据指标		指标主要内容
A1	电厂基本情况	地理位置、总量指标
A2	电厂生产情况	装机、发电、年均燃煤量、年均煤质信息
A3	设备情况	以锅炉为主线的投产日期、年运行时长、燃料消耗情况、烟气治理、在线监测等设备情况
A4	烟气污染物排放情况	以锅炉为主线的排放量、达标率、绩效值、浓度；全厂排放量
A8	污染物治理情况	环保投入及改造情况

附表 3　数据来源推荐参考文件

数据来源		是否引入	参考文件
1	环统数据	已参考	中国环境监测总站环统数据
2	国家统计局数据——火电行业	已参考	DL/T 1264—2013 火电厂环境统计指标
3	火电行业排污许可数据	已参考	排污许可证数据公开平台
4	建设项目环境影响评价数据	已参考	评估中心智慧环评数据监管平台
5	监督性监测数据	已参考	相关标准
6	在线监测数据	已参考	环境监督管理局在线监测数据
7	清单编制指南	已参考	国家发布清单编制指南
8	行业调查数据（中国电力企业联合会）	已参考	中国电力企业联合会网站公布文件
9	火电厂电子台账数据	（本次未引入）	相关标准
10	排污许可年报数据	未执行（本次未引入）	环保部相关文件
11	排污许可半年报数据	未执行（本次未引入）	环保部相关文件
12	总量控制数据	（本次未引入）	环保部相关文件
13	企业自行监测数据	（本次未引入）	环保部相关文件
14	住建部数据	（本次未引入）	未知
15	工商局数据	（本次未引入）	未知
16	能源局数据	（本次未引入）	未知

附表 4　数据要求及规范

清单编制数据采集指标		数据要求	数据采集规范
基础性指标	直接获取的排放因子	获取的排放因子体系清晰	有目的地获取排放因子，要求不缺不漏不重复，以最新公布为准
	燃料信息	燃料分类科学有依据，热值信息符合常识	燃料分类科学有依据，热值信息符合常识
	生产设备及处理设备基本情况	参考 DL/T 1264—2013	参考 DL/T 1264—2013
	活动水平数据——燃料消耗量、产品产量（发电及供热量）	参考国家统计局或地方年鉴公布数据进行整体审核，数据差别不应超过 5%	燃料分类明确，单位统一，数据规范参考 DL/T 1264—2013
	污染源位置、高度、流速、烟温等空气质量模型需要的污染源排放信息	以锅炉为主线，排口经纬度信息精确到小数点后六位，流速、高度信息填报应完整、规范	参考 DL/T 1264—2013 或者《火电行业排污许可证申领与核发技术规范》要求
	监督性监测数据	环发〔2013〕81 号	—
	转化系数、产污系数和污染物去除效率	获取的系数体系清晰，不缺不漏不重复	城市大气污染物排放清单技术手册—2017 年修订版
	年工作时长	参考 DL/T 1264—2013	—
	煤质信息（含硫量、灰分、元素分析数据等	参考 DL/T 1264—2013	—
	实测获取 3.现场监测	参考 DL/T 414—2012，HJ/T 397—2007 等	—
导出性指标	实测获取 2.在线监测获取（环监局审核后数据）	参考 HJ/T 397—2007，HJ/T 75—2017，HJ/T 76—2017 等	参考 HJ/T 373—2007，DL/T 414—2012 等
	烟气量信息（根据燃料信息、生产设备及处理设备基本情况等数据导出；实际测量得到的单位活动水平烟气排放量）	标准状态干烟气量计算公式参考 DL/T 1264—2013 附录 B.1	烟气量注意折算
	实测法获取排放量	没有在线监测的企业，建议采用排放因子法估算排放或直接采用地区排放均值进行估算	在线数据处理按照相关标准要求

参考文献

[1] 刘振亚. 中国电力行业年度发展报告[R]. 北京：中国电力企业联合会，2016.

[2] 伯鑫. 全国火电行业污染源排放清单建设研究[A]. 中国环境科学学会. 2014中国环境科学学会学术年会（第三章）[C]. 中国环境科学学会，2014：5.

[3] 伯鑫，何友江，商国栋，等. 基于CEMS全国污染源清单数据库系统开发与应用[J]. 环境工程，2014，32（8）：105-108，113.

[4] 孙洋洋. 燃煤电厂多污染物排放清单及不确定性研究[D]. 杭州：浙江大学，2015.

[5] ZHU Wenbo，LI Nan，HUANG Zhijiong，et al. Emission characteristics of thermal power in Guangdong province and influence on atmospheric environment[J]. Research of Environmental Sciences，2016，29（16）：810-818.

[6] 王占山，车飞，潘丽波. 火电厂大气污染物排放清单的分配方法研究[J]. 环境科技，2014，27（2）：45-48.

[7] 伯鑫，王刚，温柔，等. 京津冀地区火电企业的大气污染影响[J]. 中国环境科学，2015，35（2）：364-373.

[8] 王跃思，姚利，刘子锐，等. 京津冀大气霾污染及控制策略思考[J]. 中国科学院院刊，2013，3：353.

[9] 杨俊益，辛金元，吉东生，等. 2008—2011年夏季京津冀区域背景大气污染变化分析[J]. 环境科学，2012，33（11）：3693-3694.

[10] 孙雪丽，程水源，陈东升，等. 区域污染对北京市采暖期SO_2污染的影响分析[J]. 安全与环境学报，2006，6（5）：83-86.

[11] 康娜，高庆先，周锁铨，等. 区域大气污染数值模拟方法研究[J]. 环境科学研究，2006，19（6）：21-26.

[12] 邹宇飞，吴其重，王自发，等. 河北工业面源更新及其对奥运会期间京津冀区域空气质量模拟的影响[J]. 气候与环境研究，2010，15（5）：624-631.

[13] Streets D G，Fu J S，Jang C J，et al. Air quality during the 2008 Beijing Olympic games[J]. Atmospheric

Environment，2007，41：480-492.

[14] Zhou Ying，Levy J I，Hammitt J K，et al. Estimating population exposure to power plant emissions using CALPUFF：a case study in Beijing，China[J]. Atmospheric Environment，2003，37：815- 826.

[15] Song Yu，Zhang Minsi，Cai Xuhui. PM10 modeling of Beijing in the winter[J]. Atmospheric Environment，2006，40：4126-4136.

[16] 谢骅，王庚辰，任丽新，等. 北京市大气细粒态气溶胶的化学成分研究[J]. 中国环境科学，2001，21（5）：432-435.

[17] 李令军，李金香，辛连忠，等. 北京市春节期间大气污染分析[J]. 中国环境科学，2006，26（5）：537-541.

[18] 郝吉明，王丽涛，李林，等. 北京市能源相关大气污染源的贡献率和调控对策分析[J]. 中国科学（D 辑：地球科学），2005，35（增刊 I）：115-122.

[19] Hao Jiming，Wang Litao，Shen Minjia，et al. Air quality impacts of power plant emissions in Beijing[J]. Environmental Pollution，2007，147：401-408.

[20] 颜鹏，黄健，R. Draxler，等. 北京地区 SO_2 污染的长期模拟及不同类型排放源影响的计算与评估[J]. 中国科学（D 辑：地球科学），2005，35（增刊 I）：167-176.

[21] 中电联. 中国电力行业年度发展报告 2012[M]. 北京：光明日报出版社，2012：49-50.

[22] 中国环境监测总站. 中国环境统计年报 2011[M]. 北京：中国环境科学出版社，2012：204.

[23] 国家统计局，环境保护部. 2012 年中国环境统计年鉴[M]. 北京：中国统计出版社，2012：48-50.

[24] 环境保护部. HJ 2.2—2008 环境影响评价技术导则　大气环境[S].

[25] Elbir T. A GIS based decision support system for estimation，visualization and analysis of air pollution for large Turkish cities[J]. Atmospheric Environment，2004，38：4509-4517.

[26] Villasenora R，Magdalenoa M，Quintanar A，et al. An air quality emission inventory of offshore operations for the exploration and production of petroleum by the Mexican oil industry[J]. Atmospheric Environment，2003，37：3713-3729.

[27] Li Ji，Hao Jiming. Application of intake fraction to population exposure estimates in Hunan province of China[J]. Journal of Environmental Science and Health，2003，38（6）：1041-1054.

[28] Elbir T，Mangir N，Kara M，et al. Development of a GIS-based decision support system for urban air quality management in the city of Istanbul[J]. Atmospheric Environment，2010，44：441-454.

[29] Ozkurt N，Sari O D，Akalin N，et al. Evaluation of the impact of SO_2 and NO_2 emissions on the ambient air-quality in the Çan-Bayramiç region of northwest Turkey during 2007–2008[J]. Science of

the Total Environment，2013，456-457：254-266.

[30] Lopez M T，Zuk M，Garibay V，et al. Health impacts from power plant emissions in Mexico[J]. Atmospheric Environment，2005，39：1199-1209.

[31] Levy J I，Spengler J D. Modeling the benefits of power plant emission controls in Massachusetts[J]. Journal of the Air & Waste Management Association，2011，52：5-18.

[32] Capelli L，Sironi S，Rosso R D，et al. Olfactometric approach for the evaluation of citizens' exposure to industrial emissions in the city of Terni，Italy[J]. Science of the Total Environment，2011，409：595-603.

[33] Yi Peng，Duan Ning，Chai Fahe，et al. SO_2 emission cap planning for Chengdu-Chongqing economic zone[J]. Journal of Environmental sciences，2012，24（1）：142-146.

[34] Yim S H L，Fung J C H，Lau A K H. Use of high-resolution MM5/CALMET/CALPUFF system：SO_2 apportionment to air quality in Hong Kong[J]. Atmospheric Environment，2010，44：4850-4858.

[35] Levy J I，Spengler J D，Hlinka D，et al. Using CALPUFF to evaluate the impacts of power plant emissions in Illinois：model sensitivity and implications[J]. Atmospheric Environment，2002，36：1063-1075.

[36] 伯鑫，丁峰，徐鹤，等. 大气扩散 CALPUFF 模型技术综述[J]. 环境监测管理与技术，2009，21（3）：9-13.

[37] SCIRE J S，STRIMAITIS D G，YAMARTINO R J. A user's guide for the CALMET dispersion model（Version 5）[M]. Concord，MA：Earth Tech，2000：1-332.

[38] SCIRE J S，STRIMAITIS D G，YAMARTINO R J. A user's guide for the CALPUFF dispersion model（Version 5）[M]. Concord，MA：Earth Tech，2000：1-79.

[39] 中华人民共和国环境保护部. GB 3095—2012 环境空气质量标准[S].

[40] 中华人民共和国环境保护部. 京津冀及周边地区落实大气污染防治行动计划实施细则[R]. 北京：环境保护部，2013.

[41] 汪俊，王祖光，赵斌，等. 中国电力行业多污染物控制成本与效果分析[J]. 环境科学研究，2014（11）：1314-1322.

[42] 中华人民共和国环境保护部. 中国环境统计年报（2014）[R]. 北京：中国环境出版社，2015.

[43] Liu F，Zhang Q，Tong D，et al. High-resolution inventory of technologies，activities，and emissions of coal-fired power plants in China from 1990 to 2010[J]. Atmos. Chem. Phys.，2015，15：13299-13317.

[44] 赵瑜. 中国燃煤电厂大气污染物排放及环境影响研究[D]. 北京：清华大学，2008.

[45] 刘菲. 基于卫星遥感的中国典型人为源氮氧化物排放研究[D]. 北京：清华大学，2015.

[46] 朱法华，王临清. 煤电超低排放的技术经济与环境效益分析[J]. 环境保护，2014（21）：28-33.

[47] 郑新梅，李文青. 南京市电力行业二氧化硫排放清单的建立及减排建议[J]. 安徽农学通报，2016（6）：106-107.

[48] Zhang Q，Streets D G，He K，et al. NO_x emission trends for China，1995－2004：The view from the ground and the view from space[J]. Journal of Geophysical Research：Atmospheres，2007，D22（112）.

[49] 王占山，车飞，潘丽波. 火电厂大气污染物排放清单的分配方法研究[J]. 环境科技，2014（2）：45-48.

[50] 张英杰，孔少飞，汤莉莉，等. 基于在线监测的江苏省大型固定燃煤源排放清单及其时空分布特征[J]. 环境科学，2015（8）：2775-2783.

[51] 朱文波，李楠，黄志炯，等. 广东省火电污染物排放特征及其对大气环境的影响[J]. 环境科学研究，2016（6）：810-818.

[52] 李金珂，曹静. 集中供暖对中国空气污染影响的实证研究[J]. 经济学报，2017（3）.

[53] Liang X，Zou T，Guo B，et al. Assessing Beijing's $PM_{2.5}$ pollution：severity，weather impact，APEC and winter heating[J]：Proceedings of the Royal Society A Mathmatical Physical and Engineering Science，2015，471（2182）：20150257.

[54] 清华大学. 中国多尺度排放清单模型（Multi-resolution Emission Inventory for China，MEIC），[EB/OL]. http：//meicmodel. org/index. html. 2017-02-07.

[55] 环境保护部环境工程评估中心. 全国重点行业大气污染物排放清单[EB/OL]. http：//www. ieimodel. org/. 2016-02-01.

[56] 郑君瑜. 区域高分辨率大气排放源清单简历的技术方法与应用[M]. 北京：科学出版社，2014：1-50.

[57] 王强. 烟气排放连续监测系统（CEMS）监测技术及应用[M]. 北京：化学工业出版社，2015：1-60.

[58] GB 13223—2011 火电厂大气污染物排放标准[S].

[59] 环境保护部. 国家重点监控企业污染源自动监测数据有效性审核教程[M]. 北京：中国环境科学出版社，2010.

[60] HJ 75—2017 固定污染源烟气排放连续监测技术规范[S].

[61] 戴佩虹. 基于 CEMS 数据的火电厂 SO_2 和 NO_x 排放因子建立与不确定性分析[D]. 广州：华南理工大学，2016.

[62] 贺克斌. 城市大气污染物排放清单编制技术手册 2017[R]. 北京：清华大学环境学院，2017.

[63] 伯鑫. CALPUFF 模型技术方法与应用[M]. 北京：中国环境出版社，2016：1-6.

[64] 伯鑫. 空气质量模型：技术、方法及案例研究[M]. 北京：中国环境出版集团，2018：20-50.

[65] 大气细颗粒物一次源排放清单编制技术指南[EB/OL][2016-12-23]. http：//www. zhb. gov. cn/gkml/hbb/bgg/201408/W020140828351293619540. pdf，2014.

[66] 崔建升，屈加豹，伯鑫，等. 基于在线监测的 2015 年中国火电排放清单[J]. 中国环境科学，2018，38（6）：2062-2074.

[67] 吕连宏，韩霄，罗宏，等. 煤炭消费与大气污染影响下的燃煤火电分区发展策略[J]. 环境科学研究，2016，29（1）：1-11.